職業訓練の種類	普通職業訓練
訓練課程の種類	短期課程　二級技能士コース
改定承認年月日	平成7年8月21日

二級技能士コース

仕上げ科

〈指導書〉

職業能力開発総合大学校 能力開発研究センター編

はしがき

この指導書は，技能者が二級技能士コースに使用する「仕上げ科（選択：治工具仕上げ法），（選択：機械組立仕上げ法）」教科書を学習するにあたって，その内容を容易に理解することができるように，学習の指針として編集したものです。

したがって，受講者が自学自習するにあたっては，まず指導書により該当するところの「学習の目標」及び「学習のねらい」をよく理解した上で学習を進め，まとめとして章ごとの問題を解いていけば，学習効果を一層高めることができます。

なお，この指導書の作成にあたっては，次のかたがたに作成委員としてご援助をいただいたものであり，その労に対し，深く謝意を表する次第であります。

作成委員（昭和54年8月）　（五十音順）

有馬　純孝　職業訓練大学校
鈴木　秀夫　山梨大学
野中　信一　日本光学工業株式会社
浜本　達保　愛知総合高等職業訓練校
本間　富男　日産工業専門学校
村上　正也　月島機械株式会社

（作成委員の所属は執筆当時のものです）

改定委員（平成8年12月）　（五十音順）

阿部　惟祐　ミツトヨ計測学院
菅野　正敬　日産テクニカルカレッジ
公平　富市　（元）東京職業能力開発短期大学校
御正　隆信　（元）労働省安全衛生部
村上　正也　（元）月島プラント工事株式会社
山崎　好知　（元）成田総合高等職業訓練校
和田　正毅　職業能力開発大学校

平成8年12月

雇用・能力開発機構
職業能力開発総合大学校
能力開発研究センター

指導書の使い方

この指導書は，次のような学習指針に基づき構成されているので，この順序にしたがった使い方をすることにより，学習を容易にすることができる。

1．学習の目標

学習の目標は，教科書の各編（科目）ごとに，その編で学ぶことがらの目標を示したものである。

したがって，受講者は学習の始めにまず，その章の学習の目標をしっかりつかむことが必要である。

2．学習のねらい

学習のねらいは，学習の目標に到達するために教科書の各章の節ごとにこれを設け，その節で学ぶ内容について主眼となるような点を明らかにしたものである。

したがって，受講者は学習の目標のつぎに学習のねらいによって，その節でどのようなことがらを学習するかを知ることが必要である。

3．学習の手引き

学習の手引きは，受講者が学習の目標や学習のねらいをしっかりつかんで教科書の各章及び節の学習内容について自学自習する場合に，その内容のうち理解しにくい点や疑問の点，あるいはすでに学習したことの関係などわかりにくいことを解決するため，教科書の各章の節ごとに設け，学習しやすいようにしたものである。

したがって，受講者はこれを利用することによって，教科書の学習内容を深く理解することが必要である。

ただし，教科書だけの学習で理解ができる内容については，学習の手引きを省略したものもある。

なお，学習の手引きで特に留意した点を示すと，

(1) 教科書の中で説明が不十分なところ，あるいは理解が困難と思われるところについて，補足的説明をしたこと。

(2) 学習を進めるときに，簡単な実験，実習を行ったり，また工場の見学などで実習効果を高められると考えられる場合は，その要点を説明したこと。

4．学習のまとめ

学習のまとめは，受講者が学習事項を最後にまとめることができるように教科書の各項の章ごとに設けたものである。したがって，受講者はこれによって，その章で学んだことが，確実に理解できたか，疑問の点はないか，考え違いや見落としたものはないか，などを自分で反省しながら学習内容をまとめることが必要である。

5．学習の順序

教科書およびこの書を利用して学習する順序をまとめてみると，つぎのとおりになる。

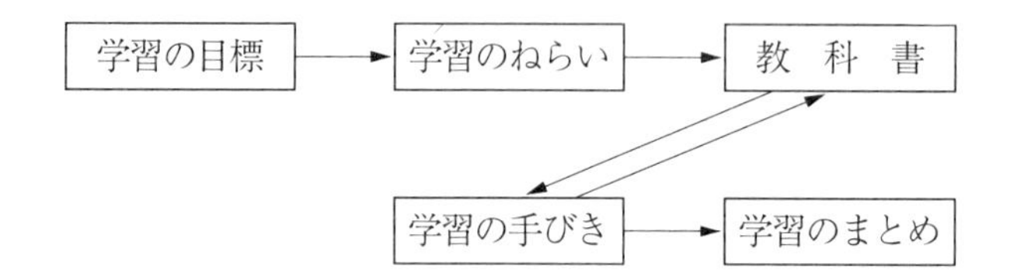

目　次

第1編　仕上げ法

第2編　機 械 要 素

第3編　機械工作法

第４編　材 料 力 学

第５編　材　　料

第6編　製　図

第7編 電 気

第8編　安全衛生

［選択］ 治工具仕上げ法

[選択]　機械組立仕上げ法

第1編　仕 上 げ 法

学習の目標

第1編では各種の手仕上げ加工に関連のあることがらについて，一般によく知っておかなければならないことを学ぶ。

第1編はつぎの各章より構成されている。

第1章　手 仕 上 げ

第2章　け が き

第3章　切削工具の種類および用途

第4章　工作測定の方法

第5章　品 質 管 理

これらの各章は相互に関連のあることがらが多い。たとえば，第1章，第2章，第3章，第4章は手仕上げ加工に必要なけがきや，切削工具，測定の方法について学び，第5章では加工中または完成品の統計的品質管理について学ぶ。

したがって，本編を勉強するには，まず一気に第1章から第5章まで読んでしまって，それぞれの章の内容を大づかみにとらえてから，第1章から順に改めて勉強するようにし，このときは関連のある他の章も対比しながら進むと総合的に理解できる。

第1章　手仕上げ

第1節　手仕上げの概要

学習のねらい

ここでは，機械製作における手仕上げの必要性について学ぶ。

学習の手びき

生産工程の機械化が進んでも，手仕上げの必要性が強調されていることを理解すること。

第2節　手仕上げ用工具の種類，形状および用途

学習のねらい

ここでは，つぎのことがらについて学ぶ。

（1）万力や定盤などの工作物の支持を目的とする工具の種類と特徴

（2）たがね，やすり，きさげの種類と加工法による選択および特徴

（3）穴あけ用工具，ねじ切り，リーマ通し用工具の種類および用途

（4）ラップ工具，ラップ剤，ラップ液の種類および特徴

（5）のこ引き用工具および磨き作業用工具の種類および用途

学習の手びき

手仕上げにおいて使用される各種工具の種類，用途，特徴などのことがらについて十分理解すること。

第3節　手仕上げ作業の方法

学習のねらい

ここでは，つぎのことがらについて学ぶ。

（1）はつり作業における工作物の取付け方，片手ハンマとたがねの持ち方，はつりの姿勢，棒材，板材の切断の仕方，刃先の研ぎ方。

（2）やすり作業を行う場合の準備，作業の要点，やすり作業の姿勢と動作，やすり作業の仕上げ方（平面，曲面，穴の中など）。

（3）きさげ作業の用途と特徴，きさげ作業の準備，きさげの研ぎ方，きさげ作業における平面仕上げと曲面仕上げの急所，すり合わせの方法。

（4）ドリルによる穴あけ作業の特性，ドリルの知識と削り速度，穴あけ作業の注意点，各種の穴あけ作業の要点。

（5）手仕上げによるねじ立ての特徴，タップ立てにおける下穴の大きさ，タップ立ておよびダイス作業の急所。

（6）リーマ作業を行う目的，リーマの形状と刃の配列の特徴，リーマ通しの注意点。

学習の手びき

各種手仕上げ工具の使い方，作業の方法，注意点などは手仕上げ作業において最も重要なことがらであり十分理解すること。

第1章の学習のまとめ

この章では，手仕上げに関して，つぎのことがらについて学んだ。

（1）機械製作のなかにおける手仕上げ作業の分野とその重要性

（2）万力，ハンマ，すり合わせ定盤，たがね，やすり，きさげなどの工具の種類，大きさ，用途，使い方，作業法

（3）ドリル，リーマ，タップ，ダイス，のこ刃などの切削工具の種類と用途，使い方

（4）ラップ仕上げ，磨き作業の目的と用途，作業法

【練習問題の解答】

1．(1)　○　＜第2節2．1(1)参照＞

　(2)　○　＜第2節表1－1参照＞

　(3)　×　一般に60°である。＜第2節2．2(1)参照＞

　(4)　×　複目のほうが切削量が大きい。＜第2節2．2(2)参照＞

　(5)　○　＜第2節2．2(3)参照＞

　(6)　×　工作物の両端がだれないために，短く作られる。＜第2節2．2(6)参照＞

　(7)　○　＜第3節3．2(4)参照＞

2．第3節3．4(3)参照

$$N=\frac{1000V}{\pi \cdot D}=\frac{1000\times30}{3.14\times10}=\frac{3000}{3.14}\fallingdotseq 955\ \text{(rpm)}$$

したがって，直立ボール盤の回転数の近似値に定める。

第2章　け　が　き

学習する過程における関連事項

本章の学習の目標は，けがきに関して，つぎのことがらの詳細な知識を有することである。

（1）けがき用工具の種類および使用方法

（2）けがき用塗料の種類および用途

（3）部品の据え付け方法，中心の求め方，寸法の取り方，各種加工作業に応じたけがき方法など，けがき作業の要点

本章を学習するにあたり，つぎに示す事項と関連があるので，相互に対照しながら学習をすると理解を早めることができる。

［関連事項］

第2章 第1節 測定器…………第4章 工作測定の方法

第1節　けがき作業用工具と塗料

学習のねらい

ここでは，つぎのことがらについて学ぶ。

（1）けがき用工具の名称，種類および用途

（2）けがき用工具使用上の注意点

（3）けがきに使う測定器の種類

（4）黒皮物工作物用塗料の種類と使い方

（5）仕上げ用塗料の種類と使い方

学習の手びき

（1）けがき用工具の種類にはどのようなものがあるか。

（2）けがき用工具の用途はなにか。

（3）レイアウトマシンの構造と特徴はなにか。

（4）けがき用塗料の種類にはどのようなものがあるか。

（5）けがき用塗料の用途はなにか。

以上のことがらについて十分理解すること。

第2節　けがき作業の方法

学習のねらい

ここでは，つぎのことがらについて学ぶ。

（1）　工作物や部品の据え付け方

（2）　基準面の取り方

（3）　けがき線の引き方とけがき針の使い方

（4）　寸法の取り方

（5）　基本的なけがき方

（6）　けがき作業の注意点

学習の手びき

（1）　基準面のとり方にはどのような方法があるか。

（2）　工作物の据え付けにはどのような方法があるか。

（3）　けがき線，捨てけがきとの区別はなにか。

（4）　寸法の取り方にはどのような種類があるか。

以上のことがらについて十分理解すること。

第2章の学習のまとめ

本章ではけがきについて学習したが，つぎのことがらについて十分に理解したか。

（1）　けがきを行わねばならない理由。

（2）　基準面あるいは基準点の取り方で重要な点は何か。

（3）　けがき作業ではどんな点に注意しなければならないか。

（4）　工作物の据え付け方ではどんな点に注意しなければならないか。

（5）　各種のけがき法の要点。

（6）　けがきと測定法および機械加工との関連性。

【練習問題の解答】

1．(1)　○　<第1節1．1(2)参照>

(2)　○　<第1節1．1(5)参照>

(3)　○　<第1節1．1(7)参照>

(4)　○　<第1節1．1(8)参照>

(5)　×　アルコールで溶いて用いる。<第1節1．3(2)参照>

2．(1)　基準面<第2節2．1(1)参照>

(2)　①仕上がり面，②加工後<第2節2．1(1)参照>

(3)　①定盤面，②スクライバ，③本尺，④副尺，(③，④はどちらが先でもよい。)<第2節2．2(4)参照>

(4)　①片パス，②中点<第2節2．3(2)参照>

第3章 切削工具の種類および用途

第1節 ド リ ル

学習のねらい

ここでは，ドリルの用途とともに，つぎのことがらについて学ぶ。

（1） ドリルの形状と各部の名称およびその作用

（2） ドリルの種類

（3） ドリルの材料

学習の手びき

ドリルは穴あけ用工具として広く使用される工具である。

（1） ドリルの名称とその作用は何か。

（2） ドリルの種類にはどのようなものがあるか。

（3） ドリルの材料にはどのようなものがあるか。

（4） ドリルの保持具はどのようなものがあるか。

以上のことがらについて十分理解すること。

第2節 リ ー マ

学習のねらい

ここでは，リーマの用途とともに，つぎのことがらについて学ぶ。

（1） 手回し用リーマの種類

（2） 機械用リーマの種類と形状および用途

学習の手びき

（1） 手回し用リーマの種類および用途はなにか。

（2） 機械用リーマの種類および用途はなにか。

以上のことがらについて十分理解すること。

第３節　タップおよびダイス

学習のねらい

ここでは，ねじ加工用のタップとダイスについて，つぎのことがらについて学ぶ。

（1）タップおよびダイスの形状，各部の名称およびその作用

（2）タップおよびダイスの種類と用途

（3）タップおよびダイスの材料

学習の手びき

（1）タップ各部の名称，食付き部の形状はどうか。

（2）手回しタップの種類および用途はなにか。

（3）機械用タップの種類はなにか。

（4）タップの材料はなにか。

（5）ダイスの種類および用途はなにか。

（6）ダイスの材料はなにか。

以上のことがらについて十分理解すること。

第４節　研削といし

学習のねらい

ここでは，研削といしについてつぎのことがらを学ぶ。

（1）研削といしの３要素について

（2）研削といしの最高使用速度と取扱い上の注意事項は，災害につながる重要な事項なので，とくによく理解して，実技の上でもこれに従って使わなければならない。

（3）研削といしの形状と用途

学習の手びき

（1）　研削といしの３要素はなにか。

（2）　研削といしの最高使用周速度とはなにか。

（3）　と粒の切削作用はなにか。

（4）　研削といしの種類と用途はなにか。

以上のことがらについて十分理解すること。

第5節　バ　イ　ト

学習のねらい

ここでは，つぎのことがらについて学ぶが，これらは工作機械による加工の基礎になることなので，十分に理解しておかなければならない。

（1）　バイトの形状とバイト各部の名称およびその作用

（2）　旋盤用のバイトの形状と種類

（3）　平削り盤，形削り盤，立て削り盤用のバイトの形状

（4）　バイトの材料

学習の手びき

（1）　バイトの刃先形状の中で切削作用におよぼす影響はなにか。

（2）　旋盤用バイトの形状と用途はなにか。

（3）　旋盤用バイトと形削り盤用バイトでは，バイトの形状に大きな違いがあるがなぜか。

以上のことがらについて十分理解すること。

第６節　フ ラ イ ス

学習のねらい

ここでは，つぎのことがらについて学ぶ。フライスの形状はフライス盤の構造によって選定が異なるので，十分に理解しておかなければならない。

（1）フライスの形状と各部の名称およびその作用

（2）横フライス盤用フライス

（3）立てフライス盤用フライス

（4）フライスの材料

学習の手びき

（1）フライス各部の名称，刃部の形状はどうか。

（2）フライスの種類および用途はなにか。

（3）フライスの材料はなにか。

（4）フライスの切削作用はなにか。

以上のことがらについて十分理解すること。

第３章の学習のまとめ

切削工具の切削作用，研削といしおよびと粒の研削作用に関して，つぎのことがらについて学んだ。

（1）リーマ，タップおよびダイスの種類と用途

（2）バイトの種類と用途

（3）フライスの種類と用途

（4）ドリル各部の名称，種類および用途

（5）切削工具材料の種類と特徴およびそれぞれの適する工作法

（6）研削といしの３要素

（7）研削といしの材質と性質の相違点

（8）研削といしの形状，寸法およびそれぞれの適する工作法

（9）研削といしの最高使用周速度

(10)　研削といしの取扱い上の注意事項

【練習問題の解答】

1．(1)　×　モールステーパを使っている。＜第1節1．1(1)参照＞

(2)　×　小径端部付近で測る。＜第2節2．1(1)参照＞

(3)　○　＜第3節3．1(2)参照＞

(4)　○　＜第3節3．3(1)参照＞

(5)　×　磁器質の結合剤で一般研削用である。＜第4節4．1(1)参照＞

(6)　○　＜第5節5．1(1)参照＞

(7)　×　片刃バイトである。＜第5節5．1(2)参照＞

(8)　○　＜第5節5．3参照＞

(9)　○　＜第6節6．1(2)参照＞

(10)　×　シェルエンドミルである。＜第6節6．1(3)参照＞

第4章　工作測定の方法

第1節　測定の基礎

学習のねらい

ここでは，測定の目的，測定の種類，誤差など測定の基礎について学ぶ。

学習の手びき

品物の寸法や形状を測定するときには，その品物を何のために測定するのかを明確に認識し，その目的に合った測定方法，測定器，測定条件を選択しなければならない。そのためには，測定の基礎を理解しておくことが必要である。

第2節　長さの測定

学習のねらい

ここでは，長さの測定を行う各種の測定器の名称，特徴，用途および使用方法について学び，つぎに測定上の誤差要因について学ぶ。

学習の手びき

長さの測定器は，多くの種類がある。

ここで学ぶ測定機器は代表的なものであるから，その特徴，用途を理解し，品物の測定目的に合った測定器を選択できるようになることが必要である。また，測定誤差の原因を理解することが，精度の良い測定につながるから，それらを応用できるようになるまで理解しておくことが望ましい。

第3節　角度の測定

学習のねらい

ここでは，角度の基準と角度の測定器およびテーパの測定について学ぶ。

学習の手びき

角度の単位は，度とラジアンであるから，この関係を理解することが必要である。

また角度の測定器も色々あるが，サインバーは，現場で必要な角度を正確に設定できるので，計算法を理解しておくこと。

第4節　ねじの測定

学習のねらい

ここでは，ねじの測定要素とねじの測定について学ぶ。

学習の手びき

ねじの測定には，限界ねじゲージおよび工具顕微鏡を使用する場合が多い。

工具顕微鏡は，選択「治工具仕上げ法」（第2章 測定機器の種類および用途，第2節 測定顕微鏡）を参考にするとよい。

第5節　表面粗さの測定

学習のねらい

ここでは，表面粗さの定義と表示方法および測定方法について学ぶ。

学習の手びき

表面粗さの表示方法は多く，JISに規定されているものだけで6種類ある。これらの内容を理解し，適切な表示方法を選んで測定することが必要である。

第6節　形状精度の測定

学習のねらい

ここでは，平面度，真直度，真円度，円筒度，平行度，直角度，同心度および輪郭度の測定方法について学ぶ。

学習の手びき

幾何偏差の種類は，表1－1に示すように，形状偏差，姿勢偏差，位置偏差および振れに分けられる。

この中で主な幾何偏差の測定方法について学ぶが，理解し適切な測定方法を選ばなければならない。

このほか，三次元座標測定機による測定も広く行われているので，選択「治工具仕上げ法」（第2章 測定機器の種類および用途，第3節 三次元座標測定機）を参考にするとよい。

表1－1　　幾何偏差の種類

<table>
<tr><th colspan="2">種　　類</th><th>適用する形体</th></tr>
<tr><td rowspan="2">形状偏差</td><td>真　直　度
平　面　度
真　円　度
円　筒　度</td><td>単独形体</td></tr>
<tr><td>線の輪郭度
面の輪郭度</td><td>単独形体または
関連形体</td></tr>
<tr><td>姿勢偏差</td><td>平　行　度
直　角　度
傾　斜　度</td><td rowspan="3">関連形体</td></tr>
<tr><td>位置偏差</td><td>位　置　度
同軸および同心度
対　称　度</td></tr>
<tr><td>振　　れ</td><td>円周振れ
全　振　れ</td></tr>
</table>

第４章の学習のまとめ

この章では，測定についての基礎的事項および一般的な知識を学んだ。

ここで学んだ測定器は，代表的なものであるから，その特徴，機能および用途を理解して，測定目的に合った最適な測定器を選択することが必要である。

【練習問題の解答】

(1)　○　＜第４章　第１節１．２参照＞

(2)　○　＜第４章　第２節２．１(2)参照＞

(3)　×　ノギスの本尺の目量が１mmで，バーニヤ目盛は19mmを20等分してあるので，最小読取値は0.05mmである。＜第４章　第２節２．２(1)参照＞

(4)　○　＜第４章　第２節２．２(3)参照＞

(5)　×　空気マイクロメータは，流体式コンパレータであり，ゲージ等で校正しなければならない。＜第４章　第２節２．３(3)参照＞

(6)　×　マイクロメータは，ねじのピッチを基準とした測定器であり，ねじと測定軸は一直線上にあるから，アッベの原理を満足している。＜第４章　第２節２．４参照＞

(7)　×　ブロックゲージのような端度器は，両端面が鉛直に平行となる支持位置であるエアリー点で支持するとよい。＜第４章　第２節２．４参照＞

(8)　○　＜第４章　第３節３．２参照＞

(9)　×　サインバーでの角度の設定は，45°以上になると誤差が大きくなるので，45°以下の設定に使用したほうがよい。＜第４章　第３節３．２参照＞

(10)　○　＜第４章　第４節４．３参照＞

(11)　○　＜第４章　第５節５．２参照＞

(12)　○　＜第４章　第６節６．３参照＞

第5章　品 質 管 理

第1節　品質管理一般

学習のねらい

ここでは，つぎのことがらについて学ぶ。

（1）　品質管理の定義と種類

（2）　品質管理を行うと，どのような効用があるのか。

学習の手びき

QCとSQCという用語で代表される統計手法を応用した品質管理について学ぶのであるが，ここでは品質管理とはどういうことがらであるか概略を理解する必要がある。

第2節　品質管理用語（統計的な考え方）

学習のねらい

統計とは現象の中からデータを集めてこれを数学を応用して，現象の性質や将来に向かっての動向を推定しようとするものである。

品質管理ではこの統計に使われている考え方をとり入れて，データに基づく推定や検定を行って，品質管理の目的を達成しようとするものであるから，この統計的な用語をよく使う。

したがって，この統計的な考え方に基づく品質管理用語をよく理解しておかないと，第3節と第4節を理解できなくなるので，十分に時間をかけてこの用語をマスターする必要がある。

学習の手びき

品質管理用語を系統的に述べて理解を早めるようにしているが，1つのデータをつぎつぎと展開させてゆくことによって，簡便な方法をみつけたり，つぎの発展につながる事項などを関連づけているので，面倒がらずに例に示した事項は，実際に表を作成したり，計算をしてみることが大切である。

第3節　管　理　図

学習のねらい

管理図はグラフである。しかし，一般のグラフと違うところがある。それは管理限界が統計的に計算して記入されているからである。

ここでは，この管理限界の意味と，データの見方および各種の管理図の特徴を学ぶ。

学習の手びき

管理図と単なるグラフとの相違点と，ばらつきの意義についてよく理解した上で，管理図の作り方と見方の要点を学ぶのであるが，前節で作成したデータ表を利用しているので，もう一度この表を見直してみるとよい。

また，一般的によく使われているのは$\bar{x}-R$管理図であるが，その他の管理図について，自分の周囲にある現象の中から，適用できるものがないか考えてみるとよい。

第4節　抜取り検査

学習のねらい

ここでは，検査の目的と，その目的にあった検査を有効に行うための，抜取り検査の方法の概略について学ぶ。

学習の手びき

日常業務の中で，抜取り検査によって処理できることと，できないことを考えてみるとよい。

そのうえで抜取り検査に関する用語を理解するようにする。

第５章の学習のまとめ

この章では品質管理に関して学習したのであるが，つぎのことがらについて理解できたかをもう一度考えてみること。

（1）　品質管理を行う目的と効用。

（2）　統計的品質管理に使われる用語の意味。とくにつぎの用語について復習すること。

①　ばらつきと度数分布の関係

②　ヒストグラムと分布曲線の作り方

③　平均値と標準偏差の計算方法

④　母集団と標本（サンプル）との関係

⑤　正規分布の確率について

⑥　各種のヒストグラムの比較

⑦　特性要因図とパレート図の効用

⑧　管理図の種類と一般的な作成方法

⑨　抜取り検査の原理

【練習問題の解答】

（1）　×　データ表は単なるデータの羅列だけで整理されていない。度数分布表を作ることによって，はじめて母集団の姿を知ることができる。〈第２節参照〉

（2）　○　＜第２節２．１参照＞

（3）　○　＜第２節２．３参照＞

（4）　×　管理限界線は設計値や規格値で決めるのではなく，計算によって求める。＜第３節３．１参照＞

（5）　○　＜第３節３．４参照＞

（6）　×　破壊検査を行うと，その製品はもはや製品とすることはできない。全製品は破壊検査をしたらすべてだめになる。このようなときには抜取り検査の対象になる。＜第４節４．３および４．４参照＞

第2編　機械要素

学習の目標

第2編では，機械を構成する機械要素について，一般常識として知っておかなければならないことがらを学ぶ。

第2編は，つぎの各章より構成されている。

第1章　ねじおよびねじ部品

第2章　締結用部品

第3章　軸および軸継手

第4章　軸　　受

第5章　歯　　車

第6章　ベルトおよびチェーン

第7章　ば　　ね

第8章　摩擦駆動および制動

第9章　カムおよびリンク装置

第10章　管および管継手

第11章　バルブおよびコック

これらの各章は機械の機構を知るうえで重要であるので，実物などを媒体として理解を深めてほしい。

第1章　ねじおよびねじ部品

第1節　ねじの原理

学習のねらい

ここでは，ねじの原理について学ぶ。

学習の手びき

ねじが幾何学的要素によって形成されていることを理解すること。

第2節　ねじの基礎

学習のねらい

ここでは，ねじの基礎としてつぎのことがらを学ぶ。

（1）ねじの呼びおよび有効径

（2）ねじのリードとピッチ

（3）並目ねじと細目ねじ

学習の手びき

ねじの基礎的事項について理解すること。

第3節　ねじ山の種類と用途

学習のねらい

ここでは，各種ねじ山の種類と用途について学ぶ。

学習の手びき

各種ねじ山の種類と用途について理解すること。

第4節　ね じ 部 品

学習のねらい

ここでは，ねじ部品についてつぎのことがらを学ぶ。

（1）ボルトの種類と用途

（2）ナットの種類と用途

（3）小ねじ類

（4）インサート

学習の手びき

各種ねじ部品の種類と用途について理解すること。

第5節　座　　金

学習のねらい

ここでは，座金についてつぎのことがらを学ぶ。

（1） 座金の種類と用途

（2） ねじ部品のまわり止め

学習の手びき

座金の種類と用途およびねじ部品のまわり止めの方法について理解すること。

第1章の学習のまとめ

この章では，ねじに関する基本的事項としてつぎのことがらを学んだ。

（1） ねじの原理はどのようなものか。

（2） ねじの呼び，有効径，リードなどの基礎

（3） ねじ山の種類にどのようなものがあるか，また用途はどうか。

（4） ねじ部品としてどのようなものがあるか。

（5） 座金の種類にはどのようなものがあるか，また用途はどうか。まわり止めにどのような方法があるか。

【練習問題の解答】

(1)　外径＜第2節2．1参照＞

(2)　有効径＜第2節2．1参照＞

(3)　リード＜第2節2．2参照＞

(4)　多条ねじ＜第2節2．2(1)参照＞

(5)　$l=np$　（式（2－1））＜第2節2．2(1)参照＞

(6)　左上り＜第2節2．2(2)参照＞

(7)　細目＜第2節2．3参照＞。

(8)　ユニファイ並目＜第3節(1)参照＞

(9)　55，1/16＜第3節(2)参照＞

(10)　ボール，バックラッシ＜第3節(4)参照＞

(11)　のこ歯ねじ＜第3節(5)参照＞

(12)　タッピンねじ＜第4節4．3(4)参照＞

(13)　インサート＜第4節4．4参照＞

(14)　割りピン，重ねナット，止めねじ，止め金（順序はどちらが先でもよい。）
＜第5節5．2参照＞

第２章　締結用部品

第１節　キ　　　ー

学習のねらい

ここでは，キーについて学ぶ。

学習の手びき

キーの種類，用途について理解すること。

第２節　コ　ッ　タ

学習のねらい

ここでは，コッタについて学ぶ。

学習の手びき

コッタについて理解すること。

第３節　ピ　　　ン

学習のねらい

ここでは，ピンについて学ぶ。

学習の手びき

ピンの種類，用途について理解すること。

第4節　止　め　輪

学習のねらい

ここでは，止め輪について学ぶ。

学習の手びき

止め輪について理解すること。

第5節　リベットおよびリベット継手

学習のねらい

ここでは，リベットについて学ぶ。

学習の手びき

リベットの種類と継手について理解すること。

第2章の学習のまとめ

この章では，つぎの締結用部品の種類，形状および用途について学んだ。

(1)　キー

(2)　コッタ

(3)　ピン

(4)　止め輪

(5)　リベットおよびリベット継手

【練習問題の解答】

（1）　平行キー，こう配キー，半月キー（順序はどちらが先でもよい。）＜第１節(１)参照＞

（2）　平行キー，滑動形＜第１節(１)ａ．②参照＞

（3）　120°＜第１節(２)参照＞

（4）　１/5～１/10＜第２節参照＞

（5）　①１/50，②小端部＜第３節(２)参照＞

（6）　①止め輪，②移動止め＜第４節参照＞

（7）　コーキング＜第５節参照＞

第3章 軸および軸継手

第1節 軸

学習のねらい

ここでは，軸についてつぎのことがらを学ぶ。

（1） 軸

（2） スプライン

（3） セレーション

学習の手びき

各種軸，スプライン，セレーションについて理解すること。

第2節 軸 継 手

学習のねらい

ここでは，軸継手についてつぎのことがらを学ぶ。

（1） 固定軸継手

（2） たわみ軸継手

（3） 自在軸継手

（4） クラッチ

学習の手びき

軸継手の種類と特徴について理解すること。

第３章の学習のまとめ

この章では，軸と軸継手の種類，形状および用途について学んだ。

【練習問題の解答】

(1)　①ねじりモーメント，②たわみ，③振動（②，③はどちらが先でもよい。）<第１節（３）参照>

(2)　角形，インボリュート（順序はどちらが先でもよい。）<第１節１．２参照>

(3)　①しまりばめ，②50mm以下<第１節１．３参照>

(4)　①カップリング，②クラッチ<第２節前文参照>

(5)　いんろう（おうとつ）<第２節２．１(３)参照>

(6)　ゴム，革，金属ばね（順序はどちらが先でもよい。）<第２節２．２参照>

(7)　①等速形自在軸継手，②ボールジョイント<第２節２．３(２)参照>

(8)　静止<第２節２．４(１)参照>

(9)　円すいクラッチ，円板クラッチ（順序はどちらが先でもよい。）<第２節２．４(２)参照>

(10)　油潤滑<第２節２．４(２)参照>

第4章　軸　　受

第1節　滑り軸受

学習のねらい

ここでは，滑り軸受についてつぎのことがらを学ぶ。

（1）滑り軸受の種類

（2）滑り軸受用材料

学習の手びき

滑り軸受の種類および材料について理解すること。

第2節　転がり軸受

学習のねらい

ここでは，転がり軸受についてつぎのことがらを学ぶ。

（1）転がり軸受の構造

（2）転がり軸受の種類と用途

学習の手びき

転がり軸受の構造，種類および用途について理解すること。

第4章の学習のまとめ

この章では，軸受に関してつぎのことがらについて学んだ。

（1） 滑り軸受の種類，材料と潤滑の種類

（2） 転がり軸受の種類と用途

【練習問題の解答】

（1） ①ラジアル，②スラスト＜第4章前文参照＞

（2） 滑り，転がり（順序はどちらが先でもよい。）＜第4章前文参照＞

（3） ホワイトメタル＜第1節1．2参照＞

（4） ケルメット＜第1節1．2参照＞

（5） オイルレスベアリング＜第1節1．2参照＞

（6） 内輪と外輪（軌道輪），保持器，転動体（玉やころ）（順序はどちらが先でもよい。）＜第2節2．1参照＞

（7） スラスト＜第2節2．2(1)参照＞

（8） 自動調心玉軸受＜第2節2．2(4)参照＞

（9） ラジアル＜第2節2．2(8)参照＞

第5章　歯　　　車

第1節　歯車の歯形

学習のねらい

ここでは，歯車の歯形についてつぎのことがらを学ぶ。

（1）インボリュート歯形

（2）サイクロイド歯形

学習の手びき

歯形曲線の概略と通常使用される歯形について理解すること。

第2節　歯車の種類

学習のねらい

ここでは，歯車の種類についてつぎのことがらを学ぶ。

（1）平行軸歯車

（2）交差軸歯車

（3）食違い軸歯車

学習の手びき

歯車の種類，形状について理解すること。

第３節　歯車各部の名称

学習のねらい

ここでは，歯車用語の意味について学ぶ。

学習の手びき

歯車用語の意味および寸法について理解すること。

第５章の学習のまとめ

この章では，歯車に関してつぎのことがらについて学んだ。

（１）　歯車の歯形

（２）　歯車の種類

（３）　歯車各部の名称

【練習問題の解答】

（１）　①インボリュート，②サイクロイド，③インボリュート（①と②の順序はどちらが先でもよい。）＜第１節参照＞

（２）　①はすば，②スラスト（推力）＜第２節２．１（２）参照＞

（３）　マイタ歯車＜第２節２．２（１）参照＞

（４）　ウォームギヤ＜第２節２．３（３）参照＞

（５）　減速比＜第２節２．３（３）参照＞

（６）　①300　　$d=mz=5\times60=300$

②310　　$da=d+2m=(z+2)m=(60+2)\times5=310$

③11.25　　$h=ha+hf\geqq2.25m=2.25\times5=11.25$

④15.7　　$p=\frac{\pi d}{z}=\frac{\pi\cdot300}{60}\fallingdotseq15.7$

⑤7.85　　$s=\frac{p}{2}=\frac{15.7}{2}=7.85$

＜第３節参照＞

第6章　ベルトおよびチェーン

第1節　ベルトおよびベルト車

学習のねらい

ここでは，ベルトおよびベルト車についてつぎのことがらを学ぶ。

（1）ベルト

（2）ベルト車

（3）ベルト伝動

学習の手びき

ベルトの種類と用途およびベルト伝動の特徴について理解すること。

第2節　チェーンおよびスプロケット

学習のねらい

ここでは，チェーン伝動について学ぶ。

学習の手びき

チェーンおよびチェーン伝動の特徴について理解すること。

第6章の学習のまとめ

この章では，ベルトおよびチェーンに関してつぎのことがらについて学んだ。

（1）ベルトおよびベルト車

（2）チェーンおよびスプロケット

【練習問題の解答】

（1） ①40,②34,③36,④38（②～④はどちらが先でもよい。）＜第1節1．1(2)参照＞

（2） ①中高，②1～3＜第1節1．2参照＞

（3） 下＜第1節1．3参照＞

（4） 無段変速機構＜第1節1．3参照＞

（5） サイレントチェーン＜第2節参照＞

第7章　ば　　　ね

第1節　ばねの種類と用途

学習のねらい

ここでは，ばねの種類と用途についてつぎのことがらを学ぶ。

（1）圧縮・引張コイルばね

（2）ねじりコイルばね

（3）重ね板ばね

学習の手びき

ばねの種類，用途について理解すること。

第7章の学習のまとめ

この章では，ばねの種類と用途について学んだ。

【練習問題の解答】

（1）①エネルギー，②振動，③衝撃（②，③はどちらが先でもよい。）<第1節前文参照>

（2）コイルばね，重ね板ばね，渦巻きばね，竹の子ばね（順序はどちらが先でもよい。）<第1節　図2－79参照>

（3）コイル<第1節1．1参照>

（4）①重ね板，②懸架用<第1節1．3参照>

第８章　摩擦駆動および制動

第１節　摩 擦 駆 動

学習のねらい

ここでは，摩擦駆動について学ぶ。

学習の手びき

摩擦を利用して運動を伝達する摩擦車の種類と用途について概略を理解すること。

第２節　摩 擦 制 動

学習のねらい

ここでは，摩擦制動について学ぶ。

学習の手びき

摩擦力を利用して運動を制動するブレーキの種類と特徴について理解すること。

第８章の学習のまとめ

この章では，摩擦力を利用した要素としてつぎのことがらを学んだ。

（1）　摩擦駆動

（2）　摩擦制動

【練習問題の解答】

（1）　摩擦係数＜第１節参照＞

（2）　①ローラ，②円すい，③球面＜第１節参照＞

（3）　ブロック，バンド，円すい（順序はどちらが先でもよい。）＜第２節参照＞

第9章 カムおよびリンク装置

第1節 カ　　ム

学習のねらい

ここでは，カムについてつぎのことがらを学ぶ。

（1） カムの種類

（2） カムの輪郭とカム線図

学習の手びき

カムの種類と運動およびカム線図について理解すること。

第2節 リンク装置

学習のねらい

ここでは，リンク装置についてつぎのことがらを学ぶ。

（1） 4節リンク機構

（2） 4節リンク機構の変形

学習の手びき

リンクの基本形とリンク装置の機構，条件について理解すること。

第9章の学習のまとめ

この章では，カムとリンク装置について学んだ。

【練習問題の解答】

（1）　①板カム，②斜板カム（順序はどちらが先でもよい。）＜第１節１．１参照＞

（2）　球面＜第１節１．１(6)参照＞

（3）　両クランク機構，両てこ機構（順序はどちらが先でもよい。）＜第２節参照＞

（4）　揺動スライダクランク機構＜第２節２．２(3)参照＞

第10章　管および管継手

第1節　　管

学習のねらい

ここでは，管の種類および用途について学ぶ。

学習の手びき

流体の輸送に使用される管の用途について理解すること。

第2節　管　継　手

学習のねらい

ここでは，管継手の種類および用途について学ぶ。

学習の手びき

管継手の種類，用途などを理解すること。

第10章の学習のまとめ

この章では，流体輸送の要素に関し，つぎのことがらを学んだ。

(1)　管

(2)　管継手

【練習問題の解答】

(1)　鋳鉄管,非鉄金属管,非金属管(順序はどちらが先でもよい。)＜第1節前文参照＞

(2)　①鋳鉄，②水道，③ガス（②と③の順序はどちらが先でもよい。）＜第1節(2)参照＞

(3)　塩化ビニル製,ポリエチレン製(順序はどちらが先でもよい。)＜第1節(4)参照＞

(4)　フランジ形＜第2節(1)参照＞

(5)　ベローズ形＜第2節(3)参照＞

第11章　バルブおよびコック

第1節　バ　ル　ブ

学習のねらい

ここでは，バルブの種類，構造および用途について学ぶ。

学習の手びき

バルブの種類，構造および用途について理解すること。

第2節　コ　ッ　ク

学習のねらい

ここでは，コックの種類について学ぶ。

学習の手びき

コックの種類，構造について理解すること。

第11章の学習のまとめ

この章では，つぎのことがらを学んだ。

(1)　バルブ

(2)　コック

【練習問題の解答】

(1)　①バルブ，②コック＜第1節前文参照＞

(2)　半開き＜第1節(2)参照＞

(3)　逆止め＜第1節(3)参照＞

(4)　安全＜第1節(4)参照＞

第３編　機械工作法

学習の目標

第３編では各種の工作機械およびそれによる加工法を学ぶとともに，われわれが従事している機械工業の分野について，仕上げ法以外のその他の加工法を学ぶ。これらの知識をもって作業に当たれば，よりよい製品を作り上げることができる。

第３編はつぎの各章より構成されている。

第１章　各種工作機械の種類および用途

第２章　切 削 油 剤

第３章　潤　　　滑

第４章　その他の工作法

　　1．鋳造作業

　　2．塑性加工

　　3．溶接

　　4．表面処理

第５章　油圧および空圧

これらの章は相互に関係のあることが多いので本編を勉強するには，まず第１章から第５章までを読んでから，各章についてよりよく勉強することが大切である。

第１章　工作機械の種類および用途

第１節　工作機械一般

学習のねらい

ここでは，工作機械の定義，分類および自動化や数値制御などのいわゆる省力化の傾向などについて学ぶ。

学習の手びき

工作機械とはどのような機械か，工作機械で切削や研削などの加工を行うときに，何がどのように動いて切削や研削などの主運動をするのか，送り運動や位置決め運動とはどのようなことかを理解すること。

また，工作機械はどのような条件を備えなければならないか，またそのためにどのような方法がとられているのかなども理解すること。

第２節　各種工作機械

学習のねらい

ここでは，一般に使用されている工作機械のつぎのことがらについて学ぶ。

（1）旋盤については，旋盤の機能，普通旋盤の主要部の名称と構造について理解したうえで，各種旋盤の特徴，構造，機能，旋盤の大きさの表し方など。

（2）フライス盤については，他の工作機械と異なる機能的な特徴，各種フライス盤の構造，主要部の名称，フライス盤の大きさの表し方および用途など。

（3）形削り盤，立て削り盤，平削り盤，ボール盤，中ぐり盤，歯切り盤および研削盤については，主要部の名称，主軸受や案内面などの種類，構造および機能，機械の大きさの表し方など。

学習の手びき

学習のねらいで示した事項の中で，各工作機械ごとの加工対象についてはとくに注意して学習すること。

また，最近とくに急速に発達して，利用頻度の高い各種の数値制御工作機械について理解すること。できれば近くの作業所などで実物の観察ができればなおよい。

第１章の学習のまとめ

この章では，まず工作機械の一般的事項を学び，つぎに各種の工作機械の種類および用途について学んだのであるが，これをまとめてみるとつぎのようになる。

（1）工作機械は主運動，送り運動，位置決め運動の３運動を必要とする。これが他の機械と異なるところである。

（2）工作機械の分類の仕方にはいろいろの方法がある。われわれは目的に応じて必要とする分類項目を選択する。

（3）工作機械は生産性，効率，精度，剛性，耐久性，操作性などの各方面から，その高度なものを要求されている。

（4）その表れの１つとして自動化の方向へと発展している。

（5）実技に関連の深い問題として，表面粗さと加工精度はいろいろな条件によって変化するものであること。

（6）工作機械の動力伝達方式の種類と特徴，および主軸回転数の速度列のちがいによる加工能率への影響。

（7）各種工作機械の種類，形状，大きさ，特徴，用途などについては，自分で一覧表を作成してみると，総合的に理解することができる。

（8）数値制御の原理と種類についてよく理解できたかを考えてみること。

【練習問題の解答】

（1）○　<第１節１．３参照>

（2）○　<第２節２．１(１)参照>

（3）×　生産フライス盤では大きく丈夫なベッド上を，大きなテーブルが左右に動く。<第２節２．２(４)参照>

（4）×　切削は一方だけしかできない。<第２節２．３参照>

（5）○　<第２節２．４参照>

（6）×　削り行程より戻り行程のほうが速い。<第２節２．５(２)参照>

(7)　×　タップ立て加工ができるようになっているラジアルボール盤が多い。＜第２節２．６(4)参照＞

(8)　○　＜第２節２．７(2)参照＞

(9)　○　＜第２節２．８(1)参照＞

(10)　×　ホブ盤ではかさ歯車の歯切りはできない。＜第２節２．８(2)参照＞

(11)　×　ランディス式は工作物は回転するだけで，といし車が左右に移動して研削する。＜第２節２．９(2)参照＞

(12)　○　＜第２節２．10(1)参照＞

第２章　切 削 油 剤

第１節　切削油剤の必要性と性質および作用

学習のねらい

ここでは，切削作業において切削油剤はなぜ必要であるのか，また，どのような作用をするのかについて学ぶ。

学習の手びき

切削作業において，工作物を切削工具で切削する際に，何が発生するか。この発生したものは，切削工具および工作物に，どのような影響を与えるか。また，切削油剤の役割は何かについて概略を理解すること。

第２節　切削油剤の種類および用途

学習のねらい

ここでは，切削油剤にはどのような種類があり，またどのように用いられているかについて学ぶ。

学習の手びき

（1）切削油剤を大別すると２つの種類になるが何と何か。

（2）不水溶性切削油剤はどのようなものか。またどのような種類があって，どのように用いられているか。

（3）極圧油の添加剤は，どのような目的で使用されるのか。またどのような種類があって，どのように用いられているか。

（4）水溶性切削油剤はどのようなものか。またどのような種類があって，どのように用いられているか。

以上のことがらについて概略を理解すること。

第２章の学習のまとめ

この章では切削油剤に関して，つぎのことがらについて概略を学んだ。

１．切削油剤に必要な性質は，

①　刃物と加工物，切りくず間の潤滑性がよいこと。

②　刃物と加工物の冷却性がよいこと。

③　流動性のよいこと。

④　切削面の防せい，防食性がよいこと。

⑤　引火点が高いこと。

⑥　衛生上無害であること。

⑦　変質しないこと。

⑧　安価であること。

である。

２．研削作業に使用する切削油剤は，研削面の非常な過熱を冷却し，またといしの目づまりを防ぐことが重要である。そのために冷却性および流動性のよいものでなければならない。水溶性切削油剤は，この条件をみたしている。

【練習問題の解答】

(１)　○　＜第１節１．１参照＞

(２)　○　＜第１節２．１(２)参照＞

(３)　○　＜第１節２．２参照＞

第3章　潤　　滑

第1節　潤滑の必要性

学習のねらい

ここでは，機械において潤滑はなぜ必要か。また摩擦について学ぶ。

学習の手びき

（1）　機械における潤滑とはなにか。

（2）　潤滑の目的はなにか。

（3）　潤滑の効果はどのようになるか。

（4）　摩擦を分類すると，どのようになるか。

（5）　潤滑はどのような摩擦が理想的であるか。

以上のことがらを理解すること。

第2節　潤　滑　剤

学習のねらい

ここでは，潤滑剤を使用するについて，どのような性質が必要であるか，どのような規格があるか，どのような種類および用途があるか，どのような選定が必要かについて学ぶ。

学習の手びき

（1）　潤滑剤とはなにか。

（2）　潤滑剤にはどのような性状があるか。

（3）　潤滑剤にはどのような種類があり，またどのように使われているか。

（4）　鉱物性潤滑剤に添加剤を使用するのはなぜか。

（5）　潤滑剤を選ぶにはどのような条件が必要か。

（6）　潤滑剤を正しく取り扱うにはどのような注意が必要か。

以上のことがらについて理解すること。

第３節　潤滑法（給油法）

学習のねらい

ここでは，機械のそれぞれの潤滑部分に適した潤滑法（給油法）について，どのような種類があるか，どのように選定すればよいか，潤滑に必要な器具はどのようなものがあるかについて学ぶ。

学習の手びき

（１）　潤滑法（給油法）の種類は２つに大別することができる。何と何か。

（２）　油潤滑とグリース潤滑のそれぞれの特徴は何か。

（３）　油潤滑法にはどのような種類があってどのように用いられているか。

（４）　潤滑法（給油法）の選定について，すべり軸受と，転がり軸受はどのように重点がおかれるか。

（５）　潤滑用器具にはどのようなものがあるか。

以上のことがらについて理解すること。

第３章の学習のまとめ

この章では潤滑に関して，つぎのことがらについて学んだ。

（１）　機械を正常な状態に保つためには，固体摩擦をなくすことと，じんあいから守ることが必要で，このため潤滑が必要となる。

（２）　摩擦の種類とそれに対応する潤滑

（３）　潤滑剤の性質，種類と用途

（４）　潤滑法の種類とその選定

【練習問題の解答】

（１）　○　＜第１節１．１参照＞

（２）　○　＜第１節１．２(３)参照＞

（３）　×　温度が上がると粘度は低くなる。＜第２節２．１(１)参照＞

（４）　○　＜第２節２．１(４)参照＞

（５）　×　オイルシールを備えていない軸受にはグリースを使用する。＜第２節２．２(３)参照＞

（６）　×　荷重が大なほど，また速度が低速なほど高粘度の潤滑剤を使う。＜第２節２．３参照＞

（７）　○　＜第３節３．１参照＞

第4章　その他の工作法

第1節　鋳 造 作 業

学習のねらい

ここでは，鋳造作業における一般的な作業工程，模型，鋳型，溶解注湯，金型鋳造法，遠心鋳造法，さらに鋳造品に生ずる欠陥などについて学ぶ。

学習の手びき

(1)　鋳造作業とはどのような作業か。

(2)　鋳造品と模型との縮みしろとの関係および鋳物尺の重要性はなにか。

(3)　模型と鋳型の種類

(4)　金型鋳造法と遠心鋳造法の特徴。

(5)　鋳造品に見られる欠陥の生ずる原因はなにか。

以上のことがらについて概略を理解すること。

第2節　塑 性 加 工

学習のねらい

ここでは，鍛造，製缶，板金，プレスなど，いわゆる塑性加工について学ぶ。

学習の手びき

(1)　塑性変形とはどのようなことか。

(2)　塑性加工できる材料とできない材料はなにか。

(3)　自由鍛造と型鍛造の相違点はなにか。

(4)　鍛造効果の意味

(5)　製缶および板金加工の工程と機械設備

(6)　プレス加工の原理と加工方法

以上のことがらについて概略を理解すること。

第3節　溶　　接

学習のねらい

塑性加工が発達したのは溶接技術が進歩したからであるといっても過言ではない。とくに製缶加工，板金加工においては，溶接による接合がさかんに行われている。

ここでは，各種溶接法について学ぶ。

学習の手びき

（1）一般的に用いられているアーク溶接法

（2）抵抗溶接法

以上のことがらについて概略を理解すること。

第4節　表面処理

学習のねらい

ここでは，防せいを主とする表面処理について学ぶ。

学習の手びき

金属の中で鉄はとくにさびを発生しやすい。さびはいろいろな障害になるし，さびが発生しないようにしなければならない。また美観を保ったり，商品価値を高める必要もあり，表面処理はこのような目的で行う。

（1）さびの発生と予防対策としての防せいの方法

（2）非金属被覆による防せいはなにか。

（3）金属被覆による防せいと，防せい以外の効果はなにか。

（4）めっき法の種類と方法

（5）酸洗いの目的と方法

（6）塗装の方法と塗料の種類，用途はなにか。

以上のことがらについて概略を理解すること。

第４章の学習のまとめ

この章では，金属の加工法に関して，つぎのことがらについて学んだ。

(1)　鋳造の特徴すなわち金属を溶解して鋳型に流し込み，これを冷却することによって製品を得るための，工程および工程ごとの注意点

(2)　金型鋳造法と遠心鋳造法

(3)　鋳物に生ずる欠陥の種類とその原因

(4)　塑性加工の特徴と，鍛造，製缶，板金，プレスなど塑性加工の種類，工程，機械設備，作業方法など

(5)　各種溶接法の種類と特徴および用途

(6)　表面処理の必要性とその種類

【練習問題の解答】

(1)　○　<第１節１．２参照>

(2)　○　<第１節１．５(1)参照>

(3)　○　<第１節１．６参照>

(4)　×　金属が荷重を受けて変形するか，外力を取り去ってももとに戻らないような変形を永久ひずみといい，このような永久ひずみを起こす変形を塑性変形という。この性質を利用する加工法を塑性加工という。<第２節２．１(1)参照>

(5)　○　<第３節３．１(1)参照>

(6)　×　溶融めっき（どぶづけ法ともいう)。<第４節４．１(5)参照>

第５章　油圧および空圧

第１節　油圧の概要

学習のねらい

ここでは，油圧とはどういうものかについて学ぶ。

学習の手びき

（１）　油圧のしくみはどのようになっているか。

（２）　油圧の利点と欠点はなにか。

以上のことがらについて概略を理解すること。

《参考》

油圧の定義：狭い意味では，油に与えられた圧力，あるいは圧力のエネルギーということであるが，一般には，原動機で油圧のポンプを駆動して，機械的エネルギーを油の流体エネルギー（主として圧力エネルギー）に変換し，これを自由に制御して，機械的運動や仕事を行わせる一連の装置あるいは方式を総称して油圧という。そしてこれに使用される機械および器具を油圧機器といい，油圧作動用の油を油圧油あるいは作動油という。

第２節　油圧の基礎

学習のねらい

ここでは，油圧の基礎となる流体のもつ性質について学ぶ。

学習の手びき

（１）　パスカルの原理と圧力の関係（SI単位について）はなにか。

（２）　流体の性質はなにか。

以上のことがらについて概略を理解すること。

第３節　油　圧　油

学習のねらい

ここでは，油圧油に要求される性質と油圧油の種類について学ぶ。

学習の手びき

（1）　油圧油に要求される性質はなにか。

（2）　油圧油にはどのような種類があるか。

以上のことがらについて概略を理解すること。

《参考》

（1）　油圧油の選定

油圧油の粘度は，油圧装置の性能や寿命に大きく影響するので，適性粘度の選定は重要である。現状では，油圧ポンプのメーカが規定する推奨粘度によって油圧油が選定されるのがふつうである。

（2）　油圧油の添加剤

油圧油に要求される性質を向上させるため，酸化防止剤，さび止剤，消泡剤，粘度指数向上剤，油性向上剤など各種の添加剤が広く用いられている。

第４節　油 圧 機 器

学習のねらい

ここでは，油圧装置を構成している油圧機器の種類，構造および作動について学ぶ。

学習の手びき

（1）　油タンク

（2）　油圧ポンプ

（3）　圧力制御弁（リリーフ弁，減圧弁）

（4）　流量制御弁

（5）　方向制御弁

（6）　油圧モータ

（7）　油圧付属機器

以上の機器が,油圧機器を構成している機器としてあげられているが,これらの機器の種類,作動などが次節の「油圧基本回路」と密接な関連があるので概略を理解すること。

第5節　油圧基本回路

学習のねらい

ここでは，基本的な油圧回路を知り，前節で学んだ油圧機器がどのように組み合わされて使用されるのかを学ぶ。

学習の手びき

前節の油圧機器のおのおのの働きの概略を理解して，回路の動作を考えること。記号は，第8節を参照のこと。

第6節　油圧の保守管理

学習のねらい

ここでは，油圧装置の作動を正常に保つための保守管理について学ぶ。

学習の手びき

（1）　油圧装置のトラブルの大きな原因となる油圧油の劣化の原因はなにか。

（2）　油圧装置の故障の原因とその対策はなにか。

以上のことがらについて理解すること。

《参考》

（1）　油圧油の劣化の調べ方

教科書に述べたように効果的な判断法はないが，現場的な簡単な方法として，つぎのようなものがあり，ある程度の劣化の状況を知ることができる。

（a）　使用中の油と新しい油とを比べて，色の変化や沈殿物の有無を確かめる。また激しく振ってみて発生した泡の消えぐあいを比べる。

(b)　新しい油と使用中の油のにおいをかいでみて，刺激的な悪臭がないかを確かめる。

(c)　250°C程度に熱した鉄板の上に使用中の油を1滴落として，パチパチとはねる音がすれば水分が含まれている。

(d)　乾燥したろ紙の上に使用中の油を1滴落として，広がった輪の色や大きさを新しい油と比べる。輪の中央部が濁っているときは不溶性の不純物がまざっている。

第7節　空　気　圧

学習のねらい

ここでは，つぎのことがらについて学ぶ。

(1)　空気圧と油圧の比較

(2)　空気圧機器の種類，構造および機能

(3)　空気圧を利用した制御方式と構成機器

学習の手びき

(1)　空気圧と油圧の違いはなにか。

(2)　空気圧制御方式にはどのような方式があるか。

(3)　空気圧制御回路はどのような機器で構成されているか。

以上のことがらについて概略を理解すること。

第8節　油圧および空気圧用図記号

学習のねらい

ここでは，制御用流体関係機器および装置の機能を図式に表示するために使用される主な記号について学ぶ。

学習の手びき

機器の種別，制御の方式別の図記号について概略を理解すること。

第５章の学習のまとめ

身近にある油圧装置および空気圧装置と，この章で学んだことをつぎのことがらについて比較し，復習に役立てるように努めること。

（１）実際の装置の構成を，駆動源，制御部および駆動部の３つの部分に分けて，使用されている機器および回路の作動状態の理解

（２）今までに発生した故障の原因とその修理の状態の理解

【練習問題の解答】

⑴　×　キャビテーション現象である。＜第２節２．５参照＞

⑵　○　＜第４節４．３参照＞

⑶　○　＜第６節６．１参照＞

⑷　×　両方とも含まれる。＜第６節６．１参照＞

⑸　×　空圧の場合に起こる。＜第７節７．２参照＞

⑹　○　＜第７節７．３参照＞

第4編　材料力学

学習の目標

第4編では，材料力学について，仕上げ科を勉強するうえで知っておかなければならないことがらを学ぶ。第4編はつぎの各章より構成されている。

第1章　荷重，応力およびひずみ

第2章　は　　　り

第3章　応力集中，安全率および疲労

仕上げにおいていろいろな機械部品に働く荷重の種類や大きさなどを知ることは，安全で強く，かつ経済的な部品を見出し，それらを適材適所に用いて機械をよりよい構造にするうえで非常に重要なことである。

第1章　荷重，応力およびひずみ

第1節　荷重および応力の種類

学習のねらい

ここでは，つぎのことがらについて学ぶ。

（1）荷重の種類

（2）応力の種類

（3）単純応力の計算

学習の手びき

荷重および応力の種類を理解し，その計算法を例題などで理解すること。

《参考》

国際単位系（SI）について

国際単位系（世界共通の公式な略称はSI）は，1960年の第11回国際度量衡総会で採択され，その後，多少の修正，拡大を経て，メートル系の新しい形態として広範な支持を得ている単位系である。日本でも平成5年（1993年11月）をもって，一斉に切り換えられることとなった。

わが国では，昭和34年（1959年）からメートル法による単位を使用しているので，長さはメートル，質量はキログラム，というように，大部分の計算単位はすでにSIによる単位を使用しているが，たとえば，力の単位の重量キログラム（kgf），応力の単位の重量キログラム平方ミリメートル（kgf/mm^2）など非SIの単位もいまだ一部で使用されている。これら非SI単位は段階的な使用猶予期限（最終的には平成11年9月30日）を設けて，SI単位への移行が進められている。

JISでは昭和61年1月1日以降，制定または改正されたものについては，そのJISの中で用いる計算単位は，原則として，たとえば，395N {40.3kgf} というように，SI単位による数値を規格値として括弧の外に出し，従来単位による換算値を括弧書き併記するか，または，たとえば395Nというように，SI単位による数値だけで規格値を示すこととしている。

“重量，荷重”などの単位をSI単位に切り替える場合は，つぎのように考えればよい。

重量は物体固有のものではなく，物体が本質的にもっているものは質量である。

質量をmとすると，ニュートンの法則により，この物体に力Fを加えたとき，物体の加速度αを得る。すなわち，$F=m\alpha$である。質量mの単位をkg，加速度αの単位をm/s^2としたとき，力Fの単位は$kg \cdot m/s^2$，すなわちニュートン（N）である。

また，m=1kgとした場合の標準重量は1kgfで，これをSIで表せば1kgf=1(kg)×9.80665(m/s^2)=9.80665Nである（この換算係数9.80665は無次元数）。

たとえば，丸棒に1kgfの引張荷重をかけるという場合，SI単位に切り換えると，その力はN単位で示すことになる。

(1kgf=9.80665N≒9.8N)

表1に材料力学で用いられる主要な組立単位を，表2に工学単位とSI単位との換算係数のうち，材料力学でよく用いられるものを示してある。

表１　材料力学で用いられる主要な組立単位

量	SI	
	単位（名称）	単位記号
面積	平方メートル	m^2
体積	立方メートル	m^3
速度	メートル毎秒	m/s
加速度	メートル毎秒毎秒	m/s^2
角速度	ラジアン毎秒	rad/s
角加速度	ラジアン毎秒毎秒	rad/s^2
振動数，周波数	ヘルツ	Hz
回転数	回毎秒	S^{-1}
密度	キログラム毎立方メートル	kg/m^3
運動量	キログラムメートル毎秒	kg·m/s
運動量モーメント，角運動量	キログラム平方メートル毎秒	$kg·m^2/s$
慣性モーメント	キログラム平方メートル	$kg·m^2$
力	ニュートン	N
力のモーメント	ニュートンメートル	N·m
圧力	パスカル	Pa
応力	パスカル（ニュートン毎平方メートル）	Pa（N/m^2）
表面張力	ニュートン毎メートル	N/m
エネルギー，仕事	ジュール	J
仕事率，動力	ワット	W

表2 換算係数

量	工学単位	SIの単位
質　量	kgf·s²/m	kg
	1	9.80665
	1.019 72×10⁻¹	1
力	kgf	N
	1	9.80665
	1.019 72×10⁻¹	1
力のモーメント	kgf·m	N·m
	1	9.80665
	1.019 72×10⁻¹	1
圧　力	kgf/cm²	Pa
	1	9.80665×10⁴
	1.019 72×10⁻⁵	1
	atm	Pa
	1	1.01325×10⁵
	9.869 23×10⁻⁶	1
	mmH_2O	Pa
	1	9.80665
	1.019 72×10⁻¹	1
	mmHg, Torr	Pa
	1	1.33322×10²
	7.500 62×10⁻³	1
応　力	kgf/mm²	Pa(N/m²)
	1	9.80665×10⁶
	1.019 72×10⁻⁷	1
エネルギー，仕事	kgf·m	J
	1	9.80665
	1.019 72×10⁻¹	1
	kW·h	J
	1	3.6×10⁶
	2.777 78×10⁻⁷	1
仕事率，動力	kgf·m/s	W
	1	9.80665
	1.019 72×10⁻¹	1
	PS	W
	1	7.355×10²
	1.359 62×10⁻³	1
衝撃値	kgf·m/cm²	J/m²
	1	9.80665×10⁴
	1.019 72×10⁻⁵	1
	kgf·m	J
	1	9.80665
	1.019 72×10⁻¹	1

第2節　荷重，応力，ひずみおよび弾性係数の関係

学習のねらい

ここでは，つぎのことがらについて学ぶ。

（1）ひずみの種類

（2）応力ひずみ線図

（3）弾性係数

学習の手びき

ひずみの種類および弾性変形などについて理解すること。

第1章の学習のまとめ

この章では，荷重，応力およびひずみに関してつぎのことがらについて学んだ。

（1）荷重および応力の種類

（2）荷重，応力，ひずみおよび弾性係数の関係

【練習問題の解答】

（1）交番荷重＜第1節1．1(1)参照＞

（2）引張応力，圧縮応力(順序はどちらが先でもよい。)＜第1節1．2(2)参照＞

（3）断面積＜第1節1．3(4－1)，(4－2)式参照＞

（4）MPa＜第1節1．3参照＞

（5）弾性ひずみ＜第2節2．2表4－1参照＞

（6）上降伏点＜第2節2．2表4－1参照＞

（7）極限強さ＜第2節2．2表4－1参照＞

（8）縦弾性係数（ヤング率）＜第2節2．3(1)参照＞

第2章 は　　り

第1節 はりに働く力のつりあい

学習のねらい

ここでは，つぎのことがらについて学ぶ。

（1） 外力およびモーメントのつりあい

（2） せん断力

（3） 曲げモーメント

学習の手びき

はりの種類，せん断力および曲げモーメントについて理解すること。

第2節 せん断力図と曲げモーメント図

学習のねらい

ここでは，つぎのことがらについて学ぶ。

（1） 集中荷重を受ける単純ばり

（2） 等分布荷重を受ける単純ばり

学習の手びき

単純ばりのせん断力図と曲げモーメント図を例題などで理解すること。

第3節　はりに生ずる応力とたわみ

学習のねらい

ここでは，つぎのことがらについて学ぶ。

（1） はりの強さの基本公式

（2） 断面係数

学習の手びき

はりの強さの算出について理解すること。

第2章の学習のまとめ

この章では，単純ばりについて，つぎのことがらを学んだ。

（1） はりに働く力のつりあい

（2） せん断力図と曲げモーメント図

（3） はりに生ずる応力とたわみ

【練習問題の解答】

1．（1） ○　＜第1節参照＞

（2） ○　＜第1節1．1参照＞

（3） ○　＜第1節1．3参照＞

（4） ×　せん断力や曲げモーメントの符号は，方向を意味している。＜第2節2．2(3)参照＞

（5） ○　＜第3節3．1参照＞

（6） ○　＜第3節3．2参照＞

（7） ×　はりのある1点またはごく小さい面積に働く荷重を集中荷重という。＜第1節参照＞

第3章　応力集中，安全率および疲労

第1節　応 力 集 中

学習のねらい

ここでは，つぎのことがらについて学ぶ。

（1）　切欠きの影響

（2）　応力集中係数

学習の手びき

切欠きと応力集中について概略を理解すること。

第2節　安　全　率

学習のねらい

ここでは，つぎのことがらについて学ぶ。

（1）　許容応力

（2）　安全率の決定法

学習の手びき

許容応力と安全率のとり方について概略を理解すること。

第3節　金属材料の疲労

学習のねらい

ここでは，つぎのことがらについて学ぶ。

（1）　疲労による破損

（2）　疲れ限度

学習の手びき

金属材料の疲労について概略を理解すること。

第３章の学習のまとめ

この章では，つぎのことがらについて学んだ。

（１）応力集中

（２）安全率

（３）金属材料の疲労

【練習問題の解答】

１．（1）　応力集中<第１節１．１参照>

（2）　応力集中係数（形状係数）<第１節１．２参照>

（3）　R<第１節１．２参照>

（4）　許容応力<第２節２．１参照>

（5）　①繰返し荷重，②衝撃荷重<第２節２．２　表４－３参照>

（6）　疲労（疲れ）<第３節３．１参照>

（7）　疲れ限度（疲れ強さ）<第３節３．２参照>

（8）　10^7<第３節３．２参照>

２．式（４－16）より，

$$\sigma_a = \frac{\sigma_B}{S} = \frac{150\,[\mathrm{MPa}]}{6} = 25\,[\mathrm{MPa}]$$

答　25MPa

<第２節２．１参照>

第５編　材　　　料

学習の目標

第５編では，材料について仕上げ科を勉強するうえで知っておかなければならないことがらを学ぶ。第５編はつぎの各章より構成されている。

第１章　金 属 材 料

第２章　金属材料の諸性質

第３章　材 料 試 験

第４章　非破壊試験

第５章　金属の熱処理

第６章　加 熱 装 置

第７章　非金属材料

仕上げにおいて使用する材料の持っている性質などを知ることは，加工するうえで非常に重要なことである。

第１章　金 属 材 料

第１節　鋳鉄と鋳鋼

学習のねらい

ここでは，つぎのことがらについて学ぶ。

（1）　ねずみ鋳鉄

（2）　球状黒鉛鋳鉄

（3）　可鍛鋳鉄

（4）　鋳鋼

学習の手びき

鋳鉄と鋳鋼の性質と用途を理解すること。

第2節　炭素鋼と合金鋼

学習のねらい

ここでは，つぎのことがらについて学ぶ。

（1） 炭素鋼

（2） 合金鋼

学習の手びき

炭素鋼と合金鋼の種類と用途を理解すること。

第3節　銅と銅合金

学習のねらい

ここでは，つぎのことがらについて学ぶ。

（1） 銅

（2） 銅合金

学習の手びき

銅の性質と銅合金の種類と用途を理解すること。

第4節　アルミニウムとアルミニウム合金

学習のねらい

ここでは，つぎのことがらについて学ぶ。

（1） アルミニウム

（2） アルミニウム合金

学習の手びき

アルミニウムの性質と用途，アルミニウム合金の種類，性質と用途を理解すること。

第5節　粉末や金と焼結合金

学習のねらい

ここでは，つぎのことがらについて学ぶ。

（1）超硬焼結工具材料

（2）セラミック工具

（3）サーメット

学習の手びき

超硬焼結工具材料の種類と用途を理解すること。

第6節　その他の金属と合金

学習のねらい

ここでは，つぎのことがらについて学ぶ。

（1）チタン

（2）すず，鉛，亜鉛とその合金

（3）軸受用合金

学習の手びき

チタンおよび白色金属の性質と用途を理解すること。

第１章の学習のまとめ

この章では，金属材料に関して，つぎのことがらについて学んだ。

（１）　鋳鉄と鋳鋼の用途上の相違点

（２）　炭素鋼と合金鋼の用途上の相違点

（３）　銅と銅合金の用途上の相違点

（４）　アルミニウムとアルミニウム合金の用途上の相違点

（５）　超硬焼結工具材料の種類と用途

（６）　その他の金属と合金の性質と用途

【練習問題の解答】

（１）　①抗圧力，②３～４倍<第１節１．１(１)参照>

（２）　①質量効果，②焼戻し<第２節２．１(３)参照>

（３）　①機械構造用，②焼入性<第２節２．２(３)参照>

（４）　①18，②８<第２節２．２(８)参照>

（５）　黄銅<第３節３．２(１)参照>

（６）　電気化学的処理<第４節４．１参照>

（７）　Sb（アンチモン），Cu（銅）（順序はどちらが先でもよい。）<第６節６．２(４)参照>

第２章　金属材料の諸性質

第１節　引 張 強 さ

学習のねらい

ここでは，金属材料の引張強さについて学ぶ。

学習の手びき

引張強さの表示方法を理解すること。

第２節　破断伸び（伸び）

学習のねらい

ここでは，伸びについて学ぶ。

学習の手びき

破断伸びについて理解すること。

第３節　延性および展性

学習のねらい

ここでは，延性，展性について学ぶ。

学習の手びき

延性および展性を理解すること。

第4節　硬　　さ

学習のねらい

ここでは，硬さについて学ぶ。

学習の手びき

硬さの意味を理解すること。

第5節　加工硬化

学習のねらい

ここでは，加工硬化について学ぶ。

学習の手びき

加工硬化の現象を理解すること。

第6節　もろさおよび粘り強さ

学習のねらい

ここでは，もろさおよび粘り強さについて学ぶ。

学習の手びき

もろさおよび粘り強さを理解すること。

第７節　熱　膨　張

学習のねらい

ここでは，熱膨張について学ぶ。

学習の手びき

熱膨張の大きいものと小さいものとがあることを理解すること。

第８節　熱　伝　導

学習のねらい

ここでは，熱伝導について学ぶ。

学習の手びき

熱伝導の大きいものと小さいものがあることを理解すること。

第２章の学習のまとめ

この章では，金属材料の性質について，つぎのことがらを学んだ。

（1）　引張強さ

（2）　破断延び（伸び）

（3）　展性および延性

（4）　硬さ

（5）　加工硬化

（6）　もろさおよび粘り強さ

（7）　熱膨張

（8）　熱伝導

【練習問題の解答】

⑴　圧延ローラ＜第3節参照＞

⑵　加工硬化＜第5節参照＞

⑶　36%Ni鋼＜第7節参照＞

第3章　材料試験

第1節　引張試験

学習のねらい

ここでは，引張試験の方法について学ぶ。

学習の手びき

金属材料試験と引張強さの求め方の概略を理解すること。

第2節　曲げ試験

学習のねらい

ここでは，つぎのことがらについて学ぶ。

（1）　曲げ試験の方法

（2）　抗折試験の方法

学習の手びき

曲げ試験の方法と抗折試験の方法の概略を理解すること。

第3節　硬さ試験

学習のねらい

ここでは，つぎのことがらについて学ぶ。

（1）　ロックウェル硬さ試験の方法

（2）　ショア硬さ試験の方法

（3）　ブリネル硬さ試験の方法

（4）　ビッカース硬さ試験の方法

学習の手びき

各種の硬さ試験の方法の概略を理解すること。

第4節　衝撃試験

学習のねらい

ここでは，つぎのことがらについて学ぶ。

（1）　シャルピー衝撃試験の方法

（2）　アイゾット衝撃試験の方法

学習の手びき

衝撃試験の方法の概略を理解すること。

第5節　火花試験

学習のねらい

ここでは，火花試験について学ぶ。

学習の手びき

火花試験の用途の概略を理解すること。

第3章の学習のまとめ

この章では，材料試験に関して，つぎのことがらについて学んだ。

（1）　引張試験の方法

（2）　曲げ試験の種類と方法

（3）　硬さ試験の種類と方法

（4）　衝撃試験の種類と方法

（5）　火花試験での火花の特徴と鋼種

【練習問題の解答】

（1）　①油圧式，②てこの組合せ＜第1節参照＞

（2）　鋳鉄＜第2節2．2参照＞

（3）　圧子＜第3節参照＞

（4）　シャルピー＜第4節参照＞

（5）　鋼種＜第5節参照＞

第4章　非破壊試験

第1節　超音波探傷試験

学習のねらい

ここでは，超音波探傷試験の方法について学ぶ。

学習の手びき

超音波探傷試験の原理と，どのような欠陥の発見に用いるのか概略を理解すること。

第2節　磁粉探傷試験

学習のねらい

ここでは，磁粉探傷試験の方法について学ぶ。

学習の手びき

磁粉探傷試験の原理と，どのような欠陥の発見に用いるのか概略を理解すること。

第3節　浸透探傷試験

学習のねらい

ここでは，つぎのことがらについて学ぶ。

（1）染色浸透探傷試験の方法

（2）けい光浸透探傷試験の方法

学習の手びき

浸透探傷試験の原理と，どのような欠陥の発見に用いるのか概略を理解すること。

第４節　放射線透過試験

学習のねらい

ここでは，つぎのことがらについて学ぶ。

（1）　X線透過試験の方法

（2）　γ線透過試験の方法

学習の手びき

放射線透過試験の原理とどのような欠陥の発見に用いるのか概略を理解すること。

第４章の学習のまとめ

この章では，非破壊試験についてつぎのことがらを学んだ。

（1）　超音波探傷試験の方法

（2）　磁粉探傷試験の方法

（3）　浸透探傷試験の種類と方法

（4）　放射線透過試験の種類と方法

【練習問題の解答】

（1）　10＜第１節参照＞

第5章　金属材料の熱処理

第1節　焼　入　れ

学習のねらい

ここでは，焼入れについて学ぶ。

学習の手びき

焼入れ温度と冷却速度により，組織が異なることの概略を理解すること。

第2節　焼　戻　し

学習のねらい

ここでは，焼戻しについて学ぶ。

学習の手びき

焼戻し温度と組織の変化について概略を理解すること。

第3節　焼なまし

学習のねらい

ここでは，つぎのことがらについて学ぶ。

（1） 完全焼なまし

（2） 軟化焼なまし

（3） 応力除去焼なまし

学習の手びき

焼なましの種類と組織の変化について概略を理解すること。

第４節　焼 な ら し

学習のねらい

ここでは，焼ならしについて学ぶ。

学習の手びき

焼ならしの方法と組織について概略を理解すること。

第５節　表面硬化処理

学習のねらい

ここでは，つぎのことがらについて学ぶ。

（1）浸炭法

（2）窒化法

（3）表面焼入れ

学習の手びき

表面硬化処理の方法について概略を理解すること。

第5章の学習のまとめ

この章では，金属材料の熱処理に関して，つぎのことがらについて学んだ。

(1)　焼入れ温度と冷却速度，炭素量（C%）と焼入れ組織の関係

(2)　焼戻しの目的と方法

(3)　焼なましの目的と方法

(4)　焼ならしの目的と方法

(5)　表面硬化処理の目的と方法

【練習問題の解答】

(1)　①加熱，②冷却＜第1節参照＞

(2)　針状組織＜第1節参照＞

(3)　①加熱，②徐冷＜第3節前文参照＞

(4)　浸炭法，窒化法，表面焼入れ（順序はどちらが先でもよい。）＜第5節参照＞

第6章　加 熱 装 置

第1節　電気抵抗炉

学習のねらい

ここでは，つぎのことがらについて学ぶ。

（1）　箱形炉

（2）　台車炉

（3）　ピット炉（円筒炉）

学習の手びき

電気抵抗炉の形式と用途について概略を理解すること。

第2節　ガ　ス　炉

学習のねらい

ここでは，つぎのことがらについて学ぶ。

（1）　直接加熱炉

（2）　間接加熱炉

（3）　ラジアントチューブ炉

学習の手びき

ガス炉の形式と用途について理解すること。

第3節　重油炉および軽油炉

学習のねらい

ここでは，重油炉および軽油炉について学ぶ。

学習の手びき

重油炉および軽油炉の特徴について概略を理解すること。

第4節　熱　浴　炉

学習のねらい

ここでは，つぎのことがらについて学ぶ。

（1）　内部加熱塩浴炉

（2）　外部加熱塩浴炉

学習の手びき

熱浴炉の種類と形式について概略を理解すること。

第5節　その他の炉

学習のねらい

ここでは，つぎのことがらについて学ぶ。

（1）　雰囲気炉

（2）　真空炉

学習の手びき

雰囲気炉および真空炉の形式，特徴，用途について概略を理解すること。

第6章の学習のまとめ

この章では，加熱装置に関して，つぎのことがらについて学んだ。

（1） 電気炉の取扱いと構造

（2） 箱形炉，台車炉，ピット炉の構造，用途

（3） ガス炉の取扱いと構造

（4） 直接加熱炉，間接加熱炉，ラジアントチューブ炉の構造，用途

（5） 重油炉，軽油炉の特徴

（6） 塩浴炉の種類と用途

（7） 雰囲気炉の種類，特徴，用途

（8） 真空炉の構造，用途

【練習問題の解答】

（1） 均一化，温度分布（順序はどちらが先でもよい。）＜第1節前文参照＞

（2） 放射熱＜第2節2．1参照＞

（3） 塩類＜第4節前文参照＞

（4） 低温塩浴炉＜第4節4．1(2)参照＞

（5） 輻射＜第5節5．2参照＞

第7章　非金属材料

第1節　パッキン，ガスケット用材料

学習のねらい

ここでは，つぎのことがらについて学ぶ。

（1）皮革

（2）綿布および繊維

（3）ゴム

（4）合成樹脂

学習の手びき

パッキン，ガスケット用材料の種類，性質および用途について概略を理解すること。

第7章の学習のまとめ

この章では，非金属材料のうち，パッキン，ガスケット用材料の種類，性質および用途について学んだ。

【練習問題の解答】

（1）①軟質ゴム，②硬質ゴム＜第1節1．2参照＞

（2）硬さ＜第1節1．1参照＞

（3）成形性＜第1節1．4参照＞

（4）無音歯車＜第1節1．4（表5－23）参照＞

（5）熱可塑性樹脂＜第1節1．4（表5－23）参照＞

第6編　製　　　図

学習の目標

第6編では，機械製図について仕上げ科を勉強するうえで知っておかなければならないことがらを学ぶ。

機械部品を製作するうえで，その製作図面を理解することは重要なことである。機械製図にはJISにより種々の約束事が定められているので，これらをまず理解することが大切である。

第6編はつぎの各章より構成されている。

第1章　製図の概略
第2章　図形の表し方
第3章　寸 法 記 入
第4章　寸法公差およびはめあい
第5章　面の肌の図示方法
第6章　幾何公差の図示方法
第7章　溶 接 記 号
第8章　材 料 記 号
第9章　ねじ，歯車などの略画法

第1章　製図の概要

第1節　製図の規格

学習のねらい

ここでは，製図に関する規格について学ぶ。

学習の手びき

機械製図に関する諸規格がJISに定められていることを理解すること。

第２節　図面の形式

学習のねらい

ここでは，つぎのことがらについて学ぶ。

（１）図面の大きさおよび様式

（２）図面に用いる尺度

（３）図面に用いる線

（４）図面に用いる文字

学習の手びき

図面の大きさ，尺度，線や文字について理解すること。

第１章の学習のまとめ

この章では，機械製図に関して，つぎのことがらについて学んだ。

（１）JISに定められている製図の諸規格

（２）図面の形式

【練習問題の解答】

（１）①Ａ０～Ａ４，②長手方向＜第２節２．１参照＞

（２）①Ａ４，②表題欄＜第２節２．１参照＞

（３）縮尺，倍尺（順序はどちらが先でもよい。）＜第２節２．２参照＞

（４）実線，破線，一点鎖線，二点鎖線

　　細線，太線，極太線

　　（順序はそれぞれどちらが先でもよい。）＜第２節２．３参照＞

（５）太い一点鎖線＜第２節２．３　表６－４参照＞

（６）細い二点鎖線（想像線）＜第２節２．３　表６－４参照＞

（７）細い二点鎖線（想像線）＜第２節２．３　表６－４参照＞

（８）細い破線，太い破線（順序はどちらが先でもよい。）＜第２節２．３　表６－４参照＞

第２章　図形の表し方

第１節　投　影　法

学習のねらい

ここでは，投影法について学ぶ。

学習の手びき

投影法の概要と第三角法を理解すること。

第２節　図形の表し方

学習のねらい

ここでは，つぎのことがらについて学ぶ。

（１）投影図の示し方
（２）補助投影図
（３）回転投影図
（４）部分投影図
（５）局部投影図
（６）対称図形の省略
（７）繰返し図形の省略
（８）中間部の省略

学習の手びき

主投影図をはじめ，これを補足する方法，簡略する方法，省略する方法などについて理解すること。

第3節 断面図の示し方

学習のねらい

ここでは、つぎのことがらについて学ぶ。

(1) 全断面図
(2) 片側断面図
(3) 部分断面図
(4) 回転図示断面図
(5) 長手方向に切断しないもの
(6) 薄肉部の断面

学習の手びき

断面図を読む場合，まず，その図がどこで切断してあるかをつかむことである。いろいろな断面図について理解すること。

第4節 特別な図示方法

学習のねらい

ここでは，つぎのことがらについて学ぶ。

(1) 展開図
(2) 簡明な図示
(3) 相貫線の簡略図示
(4) 平面の図示
(5) 模様などの表示

学習の手びき

図を見やすく，理解しやすくするための特別な図示方法を理解すること。

第２章の学習のまとめ

この章では，図形の表し方に関して，つぎのことがらについて学んだ。

（1）　投影法

（2）　図形の表し方

（3）　断面図の示し方

（4）　特別な図示方法

【練習問題の解答】

（1）　①第一角法，②第三角法，③第三角法（①と②はどちらが先でもよい。）＜第１節参照＞

（2）　＜第１節図６－７参照＞

（3）　補助投影図＜第２節２．２参照＞

（4）　部分投影図＜第２節２．４参照＞

（5）　対称図示記号（短い２本の平行細線）＜第２節２．６参照＞

（6）　片側断面図＜第３節３．２参照＞

（7）　リブ，車のアーム，歯車の歯，ピン，ボルト（軸，小ねじ，リベット，キー）（順序はどちらが先でもよい。）＜第３節３．５参照＞

（8）　①細い実線，②対角線＜第４節４．４参照＞

第3章　寸法記入

第1節　寸法記入方法の一般形式

学習のねらい

ここでは，つぎのことがらについて学ぶ。

（1）　寸法線・寸法補助線・端末記号

（2）　寸法数値の位置と向き

学習の手びき

寸法記入方法の形式について理解すること。

第2節　寸法の配置

学習のねらい

ここでは，つぎのことがらについて学ぶ。

（1）　直列寸法記入法

（2）　並列寸法記入法

（3）　累進寸法記入法

（4）　座標寸法記入法

学習の手びき

寸法の配置を基にした記入方法について理解すること。

第3節　寸法補助記号の使い方

学習のねらい

ここでは，つぎのことがらについて学ぶ。

（1）　直径の表し方

（2）　半径の表し方

（3）　球の直径または半径の表し方

（4）　正方形の辺の表し方

（5）　厚さの表し方

（6）　弦・円弧の長さの表し方

（7）　面取りの表し方

学習の手びき

寸法の意味を明確にするための寸法補助記号について理解すること。

第4節　曲線の表し方

学習のねらい

ここでは，曲線の表し方について学ぶ。

学習の手びき

曲線で構成された形状の表し方について理解すること。

第5節　穴の表し方

学習のねらい

ここでは，穴の表し方について学ぶ。

学習の手びき

各種穴の表し方について理解すること。

第6節　キー溝の表し方

学習のねらい

ここでは，つぎのことがらについて学ぶ。

（1）軸のキー溝の表し方

（2）穴のキー溝の表し方

学習の手びき

キー溝の表し方について理解すること。

第7節　テーパ・こう配の表し方

学習のねらい

ここでは，テーパとこう配の表し方について学ぶ。

学習の手びき

テーパとこう配の表し方について理解すること。

第8節　その他の一般的注意事項

学習のねらい

ここでは，寸法記入方法の一般的注意事項について学ぶ。

学習の手びき

一般的注意事項について理解すること。

第3章の学習のまとめ

この章では，寸法記入に関して，つぎのことがらについて学んだ。

（1）　寸法記入の一般形式

（2）　寸法の配置

（3）　寸法補助記号の使い方

（4）　曲線の表し方

（5）　穴の表し方

（6）　キー溝の表し方

（7）　テーパ・こう配の表し方

（8）　その他の一般的注意事項

【練習問題の解答】

（1）　矢，黒丸，斜線（順序はどちらが先でもよい。）＜第1節1．1図6－31参照＞

（2）　直列寸法記入＜第2節2．1参照＞

（3）　起点記号（○）＜第2節2．3参照＞

（4）　①φ，②前＜第3節表6－6参照＞

（5）　Sφ，SR（順序はどちらが先でもよい。）＜第3節表6－6参照＞

（6）　⌒＜第3節表6－6参照＞

（7）　C＜第3節表6－6参照＞

（8）　①総数，②短線（ハイフン）＜第5節参照＞

（9）　切込み＜第6節6．1参照＞

（10）　①穴径面，②底＜第6節6．2参照＞

（11）　①中心線，②辺＜第7節参照＞

（12）　①下，②太い実線＜第8節参照＞

第4章　寸法公差およびはめあい

第1節　寸 法 公 差

学習のねらい

ここでは，規格で用いる用語の意味について学ぶ。

学習の手びき

寸法公差に関する用語を理解すること。

第2節　は め あ い

学習のねらい

ここでは，つぎのことがらについて学ぶ。

（1）　規格で用いる用語の意味

（2）　公差と公差域

学習の手びき

はめあいに関する用語，種類および等級について理解すること。

第３節　はめあい方式

学習のねらい

ここでは，つぎのことがらについて学ぶ。

（１）穴基準はめあい

（２）軸基準はめあい

（３）常用するはめあい

学習の手びき

はめあい方式について理解すること。

第４節　寸法の許容限界記入方法

学習のねらい

ここでは，つぎのことがらについて学ぶ。

（１）長さ寸法の許容限界の記入方法

（２）組み立てた状態での寸法の許容限界の記入方法

（３）角度寸法の許容限界の記入方法

学習の手びき

許容限界の記入法を理解すること。

第4章の学習のまとめ

この章では，寸法公差とはめあいに関して，つぎのことがらについて学んだ。

（1）　寸法公差

（2）　はめあい

（3）　はめあい方式

（4）　寸法の許容限界の記入方法

【練習問題の解答】

（1）　上の寸法許容差<第1節1．1(3)参照>

（2）　寸法公差<第1節1．1(5)参照>

（3）　すきまばめ<第2節2．1(1)参照>

（4）　−0.050mm<第2節2．1参照>

（5）　中間ばめ<第2節2．1(3)参照>

（6）　30<第2節2．2　表6−8参照>

（7）　①軸基準，②穴基準<第3節前文参照>

（8）　①穴基準はめあい，②すきまばめ<第3節3．3　表6−9参照>

第5章　面の肌の図示方法

第1節　表 面 粗 さ

学習のねらい

ここでは，つぎのことがらについて学ぶ。

（1）断面曲線と粗さ曲線

（2）算術平均粗さ（R_a）

（3）最大高さ（R_y）

（4）十点平均粗さ（R_z）

（5）粗さの標準数列とカットオフ値または基準長さの標準値

学習の手びき

面の肌の1つである表面粗さについて理解すること。

第2節　面の肌の図示方法

学習のねらい

ここでは，つぎのことがらについて学ぶ。

（1）対象面，除去加工の要否の指示

（2）表面粗さの指示方法

（3）特殊な要求事項の指示方法

（4）図面記入方法

学習の手びき

表面粗さや加工方法の指示法について理解すること。

第３節　仕上げ記号による方法

学習のねらい

ここでは，仕上げ記号について学ぶ。

学習の手びき

従来用いられてきた仕上げ記号は，廃止されたので，新規には使用されないが，仕上げ記号を表面粗さに移行するときなどに参考にするとよい。

第５章の学習のまとめ

この章では，面の指示に関して，つぎのことがらについて学んだ。

（1）　表面粗さ

（2）　面の肌の図示方法

（3）　仕上げ記号

【練習問題の解答】

（1）　①算術平均粗さ（R_a），②最大高さ（R_y），③十点平均粗さ（R_z）④μm（①～③はどちらが先でもよい。）＜第１節参照＞

（2）　0.8mm＜第１節１．５　表６－11参照＞

（3）　＜第２節２．１　図６－87参照＞

（4）　算術平均粗さ＜第２節２．２　図６－88参照＞

（5）　①フライス削り，②研削＜第２節２．３　表６－12参照＞

（6）　⊥＜第２節２．３　表６－13参照＞

（7）　下辺，右辺（順序はどちらが先でもよい。）＜第２節２．４参照＞

（8）　R_a＜第２節２．４参照＞

第６章　幾何公差の図示方法

第１節　平面度・直角度などの図示方法

学習のねらい

ここでは，つぎのことがらについて学ぶ。

（１）幾何公差の種類と記号

（２）公差の図示方法

学習の手びき

幾何公差は，機能上の要求，互換性などに基づいて不可欠のところにだけ指定する。幾何公差の概要について理解すること。

第６章の学習のまとめ

この章では，幾何公差の概要について学んだ。

【練習問題の解答】

（１）①平行度公差，②位置度公差，③円周振れ公差<第１節１．１　表６－15参照>

（２）①0.1mm，②平面<第１節１．２　表６－16参照>

（３）公差記入枠<第１節１．２参照>

第7章　溶 接 記 号

第1節　溶 接 記 号

学習のねらい

ここでは，つぎのことがらについて学ぶ。

（1）　溶接記号

（2）　溶接記号の記入方法

学習の手びき

溶接記号とその記入法を理解すること。

第7章の学習のまとめ

この章では，溶接記号とその記入法について学んだ。

【練習問題の解答】

（1）　①基本記号，②補助記号＜第1節1．1参照＞

（2）　①両フランジ形，②レ形，③すみ肉＜第1節1．1　表6－17参照＞

（3）　①凸，②研削（グラインダ仕上げ）＜第1節1．1　表6－18参照＞

（4）　①基線，②折れ線，③矢の先端＜第1節1．2参照＞

（5）　①矢の側または手前側，②すみ肉（連続），③6mm＜第1節1．2　表6－19参照＞

第8章　材料記号

第1節　材料記号

学習のねらい

ここでは，つぎのことがらについて学ぶ。

（1）　鉄鋼材料記号の表し方

（2）　非鉄金属材料記号の表し方

学習の手びき

記号の構成と主な材料記号の表示を理解すること。

第8章の学習のまとめ

この章では，材料記号の構成および主な金属材料の記号について学んだ。

【練習問題の解答】

（1）　①材質，②規格または製品名，③種類<第1節1．1参照>

（2）　引張強さ（N/mm^2）<第1節1．1参照>

（3）　炭素含有量（0.45%）<第1節1．1参照>

（4）　SUS<第1節1．1　表6－20参照>

（5）　①青銅，②鋳造，③1種<第1節1．2参照>

第9章　ねじ・歯車などの略画法

第1節　ねじ製図

学習のねらい

ここでは，つぎのことがらについて学ぶ。

（1）ねじおよびねじ部品の図示方法

（2）ねじの表し方

学習の手びき

ねじの図示と表し方について理解すること。

第2節　歯車製図

学習のねらい

ここでは，つぎのことがらについて学ぶ。

（1）歯車の図示

（2）簡略図示方法

学習の手びき

歯車製図について理解すること。

第9章の学習のまとめ

この章は，機械要素の製図に関して，つぎのことがらについて学んだ。

（1）ねじ製図

（2）歯車製図

【練習問題の解答】

（1）①ねじ山の巻き方向，②ねじ山の条数，③ねじの呼び，④－（ハイフン），⑤ねじの等級，⑥ねじ山の巻き方向，⑦ねじ山の条数＜第１節１．２参照＞

（2）①太い実線，②細い一点鎖線（ピッチ線）＜第２節２．１(１)参照＞

（3）３本の細い実線＜第２節２．１(１)参照＞

（4）①かさ歯車，②ウォームとウォームホイール（ウォームギヤ）＜第２節２．２図６－118，図６－119参照＞

第7編　電　　　気

学習の目標

電気は，働くわれわれの生活にとって欠くことのできないものとなってきている。そのため，電気の基礎から応用までを理解することが大切である。

第7編はつぎの各章により構成されている。

　第1章　電 気 用 語

　第2章　電気機械器具の使用方法

本編を勉強するには，第1章の電気用語に記述されている基礎を完全に理解しておかないと，第2章の理解が困難と思われるので，留意すること。

第1章　電 気 用 語

第1節　電　　　流

学習のねらい

ここでは，電流の意味と電流の単位「アンペア」について学ぶ。

学習の手びき

電流とその単位「アンペア」と，電流の3つの作用の概略を理解すること。

第2節　電　　　圧

学習のねらい

ここでは，電位と電位差の関係および電圧の単位「ボルト」について学ぶ。

学習の手びき

電圧とその単位「ボルト」の概略を理解すること。

第3節 電　　力

学習のねらい

ここでは，電力と，電力の計算方法について学ぶ。

学習の手びき

電力とは，負荷に電流が流れ，電流が1秒間になす仕事の量，すなわち仕事の割合であることと，電力の単位「ワット(W)」の概略を理解すること。

第4節 電気抵抗

学習のねらい

ここでは，オームの法則と抵抗の計算方法について学ぶ。

学習の手びき

電圧，電流，抵抗の関係の概略を理解するとともに，抵抗の直列および並列の計算ができるようにすること。

第5節 絶縁抵抗

学習のねらい

ここでは，絶縁とその性質および測定法について学ぶ。

学習の手びき

絶縁抵抗計（メガー）には，その用途により，100V，250V，500V，1000Vおよび2000Vの各種の電圧のものがあるが，一般に工場や家庭で用いられている電気機械器具には，500Vのものを用いて測定する。

第6節 周 波 数

学習のねらい

ここでは，周波数について学ぶ。

学習の手びき

周波数の意味の概略を理解し，地域によって電源周波数が違うことを理解すること。

第7節 力 率

学習のねらい

ここでは，力率と，負荷の種類について学ぶ。

学習の手びき

力率の概略を理解すること。

第1章の学習のまとめ

この章では，電気の基礎に関して，つぎのことがらについて学んだ。

（1） 電流の流れる方向と電荷の移動する方向との関係

（2） 電流の単位の定義

（3） 電位と電位差の関係

（4） 電圧の単位の定義

（5） 電力の計算

（6） 抵抗の計算

（7） 周波数

（8） 絶縁抵抗と絶縁抵抗計

（9） 力率

【練習問題の解答】

1．(1)　○＜第1節(1)参照＞

(2)　○＜第2節参照＞

(3)　○＜第3節参照＞

(4)　×　$V=R\cdot I$　電圧は抵抗と電流をかけた値である。＜第4節4．1参照＞

(5)　×　絶縁材料の絶縁抵抗は温度が上昇すると減少する。＜第5節参照＞

2．(1)　1000W（1kW）［式（7－2）より，$P=V\cdot I=200\times5=1000$(W)］＜第3節参照＞

(2)　50［式（7－5）より，$R=\dfrac{V}{I}=\dfrac{50\times10^{-3}}{1\times10^{-3}}=50(\Omega)$］＜第4節4．1参照＞

(3)　45［(式（7－8）より，$R=R_1+R_2+R_3=10+15+20=45(\Omega)$］＜第4節4．2参照＞

(4)　15［式（7－9）より，$R_0=\dfrac{1}{\dfrac{1}{R_1}+\dfrac{1}{R_2}}=\dfrac{R_1\cdot R_2}{R_1+R_2}=\dfrac{25\times40}{25+40}=\dfrac{1000}{65}\fallingdotseq15(\Omega)$］＜第4節4．3参照＞

第２章　電気機械器具の使用方法

第１節　開閉器の取付けおよび取扱い

学習のねらい

ここでは，開閉器の種類と，用途およびその取扱いについて学ぶ。

学習の手びき

各種の開閉器の取扱いの概略を理解すること。

第２節　ヒューズの性質および用途

学習のねらい

ここでは，ヒューズの種類と，その用途について学ぶ。

学習の手びき

ヒューズは，その用途に従い，それらの用途に合った特性のものが作られていることの概略を理解すること。

第３節　電線の種類および用途

学習のねらい

ここでは，電線の種類と用途について学ぶ。

学習の手びき

電線を使用する場合には，それぞれの用途にあった電線を選び使用しなければならず，また電線には許容電流があることの概略を理解すること。

第4節　交流電動機の回転数，極数および周波数の関係

学習のねらい

ここでは，誘導電動機の周波数と回転数との関係を学ぶ。

学習の手びき

工場で用いられている電動機は，ほとんどのものが三相誘導電動機である。この取扱い方の概略を理解すること。

第5節　電動機の始動方法

学習のねらい

ここでは，つぎのことがらについて学ぶ。

（1）三相誘導電動機を始動するにあたって注意すべき点

（2）三相誘導電動機の始動器の操作

学習の手びき

三相誘導電動機を始動するには，その誘導電動機の容量，種類および負荷の種類により始動法が異なるので，それらに適した始動器を用いなければならないことの概略を理解すること。

第6節　電動機の回転方向の変換方法

学習のねらい

ここでは，三相誘導電動機の回転方向を変換する方法について学ぶ。

学習の手びき

三相誘導電動機の回転方向を変えるには，三相電源からの導線のうち任意の２本の接続を取り替えれば回転磁界，すなわち誘導電動機の回転方向を変えることができることの概略を理解すること。

第７節　電動機に生じやすい故障の種類

学習のねらい

ここでは，電動機に生じやすい故障について理解し，簡単な保守方法について学ぶ。

学習の手びき

実際に工場などでもっとも起こりやすい故障は，過負荷による始動不能および困難である。

これらは作業者の注意により防止することができる。スイッチを入れたとき，電動機がうなり始動しない場合の原因は，ほとんどが上記の原因によるものである。

第８節　電気制御装置の基本回路

学習のねらい

ここでは，電気制御回路の接続図と動作順序について学ぶ。

学習の手びき

電気制御に用いられている制御で，シーケンス制御は，工場，ビルはもとより，いろいろな機構，装置の運転の自動化に用いられ，安全性の向上，運転操作の簡易化，確実さとから総合的な集中制御，機械装置の複合化とあいまって，着実に発展している。

これら各種の装置に対して複雑な制御回路が用いられ，これら装置の制御方式や動作順序をわかりやすく示すためにシーケンス図が用いられている。

このシーケンス図は通常の接続図とは相当異なっているので，これらのシーケンス図を読む上に必要なシンボル，動作順序などの基本を身に着けることが大切である。

第2章の学習のまとめ

この章では，電気機械器具に関して，つぎのことがらについて学んだ。

（1）　開閉器の種類とそれぞれの用途

（2）　ヒューズの種類とその用途

（3）　電線の種類とその用途

（4）　電線の名称とそれらの構造

（5）　同期速度とすべりの関係

（6）　三相誘導電動機を始動するにあたり，注意すべき事項

（7）　三相誘導電動機の回転方向の変換

（8）　電動機の始動に際し，留意すべき点

（9）　電動機が始動しない場合の点検箇所

【練習問題の解答】

1．（1）　×　とってを右側に倒したときに接になるようにする。<第1節1．2参照>

（2）　○<第1節1．4参照>

（3）　○<第2節2．2参照>

（4）　○<第3節参照>

（5）　×　銅線を塩化ビニル樹脂混和物で被覆した電線は屋外用ビニル絶縁電線である。<第3節　表7－1参照>

2．（1）　1500　［$N_0=\frac{120f}{P}=\frac{120\times50}{4}=1500\,(\mathrm{rpm})$］<第4節参照>

（2）　2線<第6節参照>

第8編　安 全 衛 生

学習の目標

人は誰でも，健康で明るい職場生活を送りたいと考えている。よりよい生活を求めている職場において，不幸なめに遭うことは避けなければならない。

職場における安全衛生は，生産性を向上させることと切っても切れない関係にあり，災害防止なくしては健全な事業の発展は得られないものである。

ここでは，仕上げ科に関連する労働災害の防止について，基本となることを学ぶ。したがって，これらをよく理解しないと誤った判断，誤った行動を起こす要因が生まれ，労働災害が発生する。正しい知識，正しい行動ができるようによく学んでほしい。

第８編はつぎの各章より構成されている。

第１章　労働災害のしくみと災害防止

第２章　機械・設備の安全化と職場環境の快適化

第３章　機械・設備

第４章　手　工　具

第５章　電　　　気

第６章　墜落災害の防止

第７章　運　　　搬

第８章　原　材　料

第９章　安全装置・有害物制御装置

第10章　作 業 手 順

第11章　作業開始前の点検

第12章　業務上疾病の原因とその予防

第13章　整理整とん，清潔の保持

第14章　事故等における応急措置および退避

第15章　労働安全衛生法とその関係法令

第1章　労働災害のしくみと災害防止

第1節　安全衛生の意義

学習のねらい

ここでは，つぎのことがらについて学ぶ。

（1）安全衛生の意義

（2）社会と安全衛生

（3）生活と安全衛生

（4）生産と安全衛生

学習の手びき

生産活動と安全衛生，社会活動と安全衛生のかかわりについて十分理解すること。

第2節　労働災害発生のメカニズム

学習のねらい

ここでは，つぎのことがらについて学ぶ。

（1）労働災害発生の仕組み

（2）労働災害の発生原因

（3）労働災害防止対策

（4）労働災害防止のポイント

（5）労働災害に関する統計

学習の手びき

労働災害の発生メカニズムについて理解するとともに，それを防止するための対策の基本的な考え方とそのポイントおよび災害発生状況に関する統計について十分理解すること。

第３節　健康な職場づくり

学習のねらい

ここでは，健康づくりについて学ぶ。

学習の手びき

健康づくりの必要性について十分理解すること。

第１章の学習のまとめ

この章では，労働災害の発生とその防止対策に関して，つぎのことがらについて学んだ。

（1）　安全衛生の意義

（2）　労働災害発生のメカニズム

（3）　健康な職場づくり

【練習問題の解答】

（１）×　安全衛生を進める活動の基本である５Sとは，整理（Seiri），整とん（Seiton），清掃（Seisou），清潔（Seiketsu），しつけ（Shitsuke）の頭文字のSを集めて５Sと呼んでいる。<第２節２．３参照>

（２）○　<第１節１．１参照>

第2章　機械・設備の安全化と職場環境の快適化

第1節　安全化・快適化の基本

学習のねらい

ここでは，機械・設備の安全化，快適な職場環境の形成の基本的な考え方について学ぶ。

学習の手びき

機械・設備の安全化や快適な職場環境の形成について，その必要性およびその達成についての「計画」,「実行」,「評価」,「計画に反映」のサイクルに関し十分理解すること。

第2節　機械・設備の安全化

学習のねらい

ここでは，機械・設備の安全化に関する要点について学ぶ。

学習の手びき

機械・設備の安全化とは，基本的には安全措置や保護具，手工具を必要としないものであることを十分理解すること。

第3節　作業環境の快適化

学習のねらい

ここでは，快適な職場環境の形成に必要な要点について学ぶ。

学習の手びき

快適な職場環境を形成するための方法等について十分理解すること。

第４節　定期の点検

学習のねらい

ここでは，機械・設備や作業環境に対する定期の点検の目的と留意点について学ぶ。

学習の手びき

機械・設備や作業環境に対する定期の点検について，その必要性および留意事項について十分理解すること。

第２章の学習のまとめ

この章では，機械・設備の安全化と職場環境の快適化に関して，つぎのことがらについて学んだ。

（1）　安全化・快適化の基本

（2）　機械・設備の安全化

（3）　作業環境の快適化

（4）　定期の点検

【練習問題の解答】

（1）×　安全装置は，その本来の目的から作業者が労働災害に被災しないようにする目的で取り付けられるものであり，安全装置は必要性に応じて取り付けたり取り外したりするものではない。<第２節参照>

第3章　機械・設備

第1節　作業点の安全対策

学習のねらい

ここでは，作業点における安全を確保するため，機械設備の面および操作面から留意する必要があることについて学ぶ。

学習の手びき

作業点における安全対策の具体的な事項について十分理解すること。

第2節　動力伝導装置の安全対策

学習のねらい

ここでは，動力伝導装置に対する安全対策について学ぶ。

学習の手びき

動力伝導装置に対する安全対策の具体的な事項について十分理解すること。

第3節　工作機械作業の安全対策

学習のねらい

ここでは，工作機械を使用した作業における安全対策について学ぶ。

学習の手びき

工作機械使用時における安全対策の具体的な事項について十分理解すること。

第４節　機械間の通路等

学習のねらい

ここでは，作業場内の通路等における安全対策について学ぶ。

学習の手びき

作業場内の通路等における安全対策の具体的な事項について十分理解すること。

第３章の学習のまとめ

この章では，機械・設備使用時の安全対策に関して，つぎのことがらについて学んだ。

（1）　作業点の安全対策

（2）　動力伝導装置の安全対策

（3）　工作機械作業の安全対策

（4）　機械間の通路等

【練習問題の解答】

（1）×　側面を使用することを目的とした研削といし以外の研削といしによる側面の使用は禁止されている。＜第３節⑦参照＞

（2）×　機械間の通路の幅は，80cm以上必要である。＜第４節①参照＞

（3）×　研削といしを新しく取り替えたときは，３分間以上試運転を行わなければならない。＜第３節⑤参照＞

（4）○　＜第１節⑥参照＞

第4章　手　工　具

第1節　手工具の管理

学習のねらい

ここでは，つぎのことがらについて学ぶ。

（1）　手工具の管理・保管

（2）　使用中の管理

学習の手びき

手工具による労働災害の発生を防止するため，手工具の管理について十分理解すること。

第2節　手工具類の運搬

学習のねらい

ここでは，手工具類の運搬時における安全対策について学ぶ。

学習の手びき

手工具類の運搬時における安全対策の具体的な留意点について十分理解すること。

第4章の学習のまとめ

この章では，手工具の安全衛生に関して，つぎのことがらについて学んだ。

（1）　手工具の管理

（2）　手工具類の運搬

【練習問題の解答】

（1）○　<第4章前文参照>

（2）○　<第1節1．2参照>

第5章 電　　気

第1節 感電の危険性

学習のねらい

ここでは，つぎのことがらについて学ぶ。

（1） 人体に流れた電流値

（2） 人体に電流が流れたとき

（3） 人体の通電経路

学習の手びき

感電の危険性は，人体に流れた電流の大きさ，通電経路により異なること，また二次災害について十分理解すること。

第2節 感電災害の防止対策

学習のねらい

ここでは，つぎのことがらについて学ぶ。

（1） 電気設備面の安全対策

（2） 電気作業面の安全対策

（3） その他

学習の手びき

感電災害を防止するための設備面および作業面における具体的な対策について十分理解すること。

第５章のまとめ

この章では，感電災害の防止に関して，つぎのことがらについて学んだ。

（1） 感電の危険性

（2） 感電災害の防止対策

【練習問題の解答】

（１）×　感電の危険性は電圧の高低だけでなく，流れる通路の抵抗や流れる時間により危険性が変わってくる。低電圧といえども，人体の抵抗が低い状態であったり，人体に流れている時間が長い場合には，死に至ることがある。<第１節参照>

（２）×　移動式の電動機械器具には，適正な感電防止用漏電遮断器を備えるとともに，接地を行う必要がある。<第２節２．１参照>

（３）×　電気配線を変更する場合は，低電圧の電線といえども有資格者が行わなければならない。<第２節２．２参照>

第6章　墜落災害の防止

第1節　高所作業での墜落の防止

学習のねらい

ここでは，高所作業における安全対策について学ぶ。

学習の手びき

高所作業における墜落防止措置の具体的な事項について十分理解すること。

第2節　開口部からの墜落の防止

学習のねらい

ここでは，開口部に近接した作業における安全対策について学ぶ。

学習の手びき

開口部に近接した作業時における墜落防止措置の具体的な事項について十分理解すること。

第3節　低位置からの墜落の防止

学習のねらい

ここでは，高さが低いところでの作業における安全対策について学ぶ。

学習の手びき

高さが低いところでの作業時における墜落防止措置の具体的な事項について十分理解すること。

第６章の学習のまとめ

この章では，作業場所からの墜落災害の防止措置に関して，つぎのことがらについて学んだ。

（１）　高所作業での墜落の防止

（２）　開口部からの墜落の防止

（３）　低位置からの墜落の防止

【練習問題の解答】

（１）○　<第２節②参照>

（２）×　高所作業においては，まず足場を設置する。そして，足場が設置できない場合に安全帯を使用し墜落災害の防止をはかる。<第１節②，③参照>

（３）×　移動はしごの幅は30cm以上必要である。<第１節⑥参照>

第7章　運　　搬

第1節　人力，道具を用いた運搬作業

学習のねらい

ここでは，つぎのことがらについて学ぶ。

（1）人力による物の持ち上げ方

（2）人力による荷役運搬作業

（3）人力運搬車等による荷役運搬作業

学習の手びき

人力や人力運搬車による荷役運搬機械における具体的な労働災害防止対策について十分理解すること。

第2節　機械による運搬作業

学習のねらい

ここでは，つぎのことがらについて学ぶ。

（1）クレーン等による運搬

（2）玉掛け用具

（3）フォークリフトによる荷の運搬

（4）コンベヤによる運搬

（5）構内運搬車による運搬

学習の手びき

各種運搬機械による運搬作業時における具体的な労働災害防止対策および使用する玉掛け用具についての安全について十分理解すること。

第７章の学習のまとめ

この章では，運搬作業における災害防止対策に関して，つぎのことがらについて学んだ。

（1） 人力，道具を用いた運搬作業

（2） 機械による運搬作業

【練習問題の解答】

（1）×　品物を持ち上げるときの姿勢は，十分に腰を落として，手を品物に十分深くかける。<第１節１．１④参照>

（2）×　長尺物を１人で肩にかついで運搬するときは，前方の端を身長よりやや高めにする。<第１節１．２③参照>

（3）○　<第２節２．２(1)②参照>

（4）×　繊維ロープが水で濡れたときに乾燥する場合，乾いた場所にゆるく巻くか掛けて乾かす。熱を加えるとロープの強度が低下するので，決して熱を当てて乾燥させない。<第２節２．２(3)⑤参照>

第8章　原　材　料

第1節　危　険　物

学習のねらい

ここでは，つぎのことがらについて学ぶ。

（1）　危険物とは

（2）　爆発・火災災害の防止

（3）　避難対策

学習の手びき

取り扱う原材料の持つ危険性について理解するとともに，爆発・火災災害の防止および避難についても十分理解すること。

第2節　有　害　物

学習のねらい

ここでは，使用する原材料の有害性について学ぶ。

学習の手びき

取り扱う原材料の有害性とその暴露による健康障害の防止について十分理解すること。

第８章の学習のまとめ

この章では，取り扱う原材料による災害防止対策に関して，つぎのことがらについて学んだ。

（１）危険物に対する労働災害の防止

（２）有害物による健康障害の防止

【練習問題の解答】

（１）○　＜第２節参照＞

（２）○　＜第１節１．３参照＞

（３）○　＜第１節１．２②参照＞

第９章　安全装置・有害物抑制装置

第１節　安全装置・有害物抑制装置

学習のねらい

ここでは，安全装置・有害物抑制装置について学ぶ。

学習の手びき

安全装置・有害物抑制装置による労働災害の防止について十分理解すること。

第２節　安全装置・有害物抑制装置の留意事項

学習のねらい

ここでは，安全装置・有害物抑制装置の持つ目的について学ぶ。

学習の手びき

安全装置・有害物抑制装置を設置した目的について十分理解すること。

第９章の学習のまとめ

この章では，安全装置・有害物抑制装置に関して，つぎのことがらについて学んだ。

（1）　安全装置・有害物抑制装置

（2）　安全装置・有害物抑制装置の留意事項

【練習問題の解答】

（1）×　修理などのため，これらの装置を一時停止させようとする場合には，必ず事前に責任者の承認を得ておく。<第2節②参照>

（2）○　<第1節参照>

（3）○　<第1節参照>

第10章　作 業 手 順

第1節　作業手順の作成の意義と必要性

学習のねらい

ここでは，作業手順の作成の意義と必要性について学ぶ。

学習の手びき

作業手順の作成の意義と必要性について十分理解すること。

第2節　作業手順の定め方

学習のねらい

ここでは，つぎのことがらについて学ぶ。

（1）作業手順の作成順序

（2）作業の分析

学習の手びき

作業手順を作成する場合の作業分析とそれを利用する作成順序について十分理解すること。

第10章の学習のまとめ

この章では，作業手順に関して，つぎのことがらについて学んだ。

（1）作業手順の作成の意義と必要性

（2）作業手順の定め方

【練習問題の解答】

（1）○　＜第10章前文参照＞

第11章　作業開始前の点検

第1節　安全点検一般

学習のねらい

ここでは，安全点検について学ぶ。

学習の手びき

安全点検の一般的事項について十分理解すること。

第2節　法 定 点 検

学習のねらい

ここでは，法定点検について学ぶ。

学習の手びき

法定点検について十分理解すること。

第11章の学習のまとめ

この章では，作業開始前の点検に関して，つぎのことがらについて学んだ。

（1）　安全点検一般

（2）　法定点検

【練習問題の解答】

（1）○　＜第1節②参照＞

第12章　業務上疾病の原因とその予防

第1節　有害光線

学習のねらい

ここでは，有害光線による職業性疾病の発生原因とその防止対策について学ぶ。

学習の手びき

有害光線による職業性疾病の発生原因とその防止対策について十分理解すること。

第2節　騒音

学習のねらい

ここでは，騒音による職業性疾病の発生原因とその防止対策について学ぶ。

学習の手びき

騒音による職業性疾病の発生原因とその防止対策について十分理解すること。

第3節　振動

学習のねらい

ここでは，振動による職業性疾病の発生原因とその防止対策について学ぶ。

学習の手びき

振動による職業性疾病の発生原因とその防止対策について十分理解すること。

第４節　有害ガス・蒸気

学習のねらい

ここでは，有害ガス・蒸気による職業性疾病の発生原因とその防止対策について学ぶ。

学習の手びき

有害ガス・蒸気による職業性疾病の発生原因とその防止対策について十分理解すること。

第５節　粉　じ　ん

学習のねらい

ここでは，粉じんによる職業性疾病の発生原因とその防止対策について学ぶ。

学習の手びき

粉じんによる職業性疾病の発生原因とその防止対策について十分理解すること。

第６節　腰　　痛

学習のねらい

ここでは，職業性疾病の１つである腰痛の発生原因とその防止対策について学ぶ。

学習の手びき

腰痛の発生原因とその防止対策について十分理解すること。

第7節　VDT作業

学習のねらい

ここでは，VDT作業による職業性疾病の発生原因とその防止対策について学ぶ。

学習の手びき

VDT作業による職業性疾病の発生原因とその防止対策について十分理解すること。

第12章の学習のまとめ

この章では，職業性疾病の発生とその防止対策に関して，つぎのことがらについて学んだ。

（1）有害光線

（2）騒音

（3）振動

（4）有害ガス・蒸気

（5）粉じん

（6）腰痛

（7）VDT作業

【練習問題の解答】

（1）○　＜第6節参照＞

（2）×　振動障害を予防するためには，保護具の使用も必要であるが，まず振動の少ない工具の使用，そしてそれとともに保護具を使用し，さらに作業時間，休憩時間を適正にとることが必要である。＜第3節参照＞

（3）○　＜第2節参照＞

（4）×　アーク溶接作業により発生するヒューム（酸化鉄粉じん）など微細な粉じんが肺の奥まで入り込み沈着し，そのような粉じんを吸い続けることによりじん肺症になる。したがって，じん肺症は今日吸い込んですぐになるものではなく，長期間粉じんを吸入し続けて発症する。場合によっては，粉じん作業を離れてから発症する場合もある。＜第5節参照＞

（5）○　＜第7節⑤参照＞

第13章　整理整とん，清潔の保持

第1節　整理整とんの目的

学習のねらい

ここでは，整理整とんの目的について学ぶ。

学習の手びき

整理整とんの目的について十分理解すること。

第2節　整理整とんの要領

学習のねらい

ここでは，整理整とんの要領について学ぶ。

学習の手びき

整理整とんの要領について十分理解すること。

第3節　清潔の保持

学習のねらい

ここでは，清潔の保持について学ぶ。

学習の手びき

清潔の保持について十分理解すること。

第13章の学習のまとめ

この章では，整理整とんと清潔の保持に関して，つぎのことがらについて学んだ。

（1）　整理整とんの目的

（2）　整理整とんの要領

（3）　清潔の保持

【練習問題の解答】

（1）○　<第1節参照>

第14章　事故等における応急措置および退避

第1節　一般的な措置

学習のねらい

ここでは，つぎのことがらについて学ぶ。

（1）　異常事態に対する対策

（2）　異常事態の発見時の措置

学習の手びき

異常事態の発生時の対策の仕方について十分理解すること。

第2節　退　　避

学習のねらい

ここでは，事故時における退避について学ぶ。

学習の手びき

事故時における退避について十分理解すること。

第14章の学習のまとめ

この章では，異常事態における応急措置および退避に関して，つぎのことがらについて学んだ。

（1）　一般的な措置

（2）　退避

【練習問題の解答】

（１）×　発見した異常事態は，まず確認し，つぎに上司等に連絡し，つぎに適切な処置がとれる場合はとり，最後にその異常状態が解消した後に要点をまとめ上司に報告をすることが大切である。<第１節１．２②参照>

第15章　労働安全衛生法とその関係法令

学習の目標

ここでは，労働者が安全で健康な職場において作業ができるように，種々の規制をしているが，仕上げ作業に関する法規にはどのようなものがあるか，またその内容はどのようなものであるかをよく学んでほしい。なお，安全衛生法規は大部分が事業者の責任になっているが，労働者も遵守しなければいけない規定もあることをよく学んでほしい。

第1節　総　　則

学習のねらい

ここでは，つぎのことがらについて学ぶ。

（1）労働安全衛生に関する法規およびその名称

（2）労働安全衛生法の目的

学習の手びき

ここでは，仕上げ作業に関係する労働安全衛生関係法規について，その目的を理解するとともに，内容についても十分理解すること。

第2節　安全衛生管理体制

学習のねらい

ここでは，つぎのことがらについて学ぶ。

（1）総括安全衛生管理者

（2）安全管理者

（3）衛生管理者

（4）産業医

（5）作業主任者

学習の手びき

ここでは，事業場の安全衛生を確保するための安全衛生管理体制について，その組織と役割について十分理解すること。

第３節　労働災害を防止するための措置

学習のねらい

ここでは，つぎのことがらについて学ぶ。

（1）事業者の講ずべき措置等

（2）譲渡の制限

（3）定期自主検査

学習の手びき

事業者の講ずべき事項のうち基本的事項について十分理解すること。

第４節　労働災害を防止するための労働者の責務

学習のねらい

ここでは，つぎのことがらについて学ぶ。

（1）労働者の責務

（2）労働安全衛生規則に基づき労働者が守るべき措置

（3）衛生関係，特別規則に基づき労働者が守るべき措置

学習の手びき

労働安全衛生関係法規で定めている労働者が守るべき措置のうち基本的事項について十分理解すること。

第5節　安全衛生教育

学習のねらい

ここでは，つぎのことがらについて学ぶ。

（1）　雇入れ時の教育

（2）　作業内容変更時の教育

（3）　特別教育

学習の手びき

労働者に対する安全衛生教育について十分理解すること。

第6節　就 業 制 限

学習のねらい

ここでは，つぎのことがらについて学ぶ。

（1）　免許の必要な業務

（2）　技能講習修了の必要な業務

学習の手びき

危険有害業務に対して必要な資格について十分理解すること。

第7節　健 康 管 理

学習のねらい

ここでは，つぎのことがらについて学ぶ。

（1）健康診断

（2）作業環境の測定

学習の手びき

健康管理に対して行うべき必要事項について十分理解すること。

第8節　労働基準法

学習のねらい

ここでは，つぎのことがらについて学ぶ。

（1）満18歳に満たない者に対する就業制限

（2）妊産婦および産後1年を経過しない女子に対する就業制限

学習の手びき

年少者および妊産婦等特別な者に対する就業制限について十分理解すること。

第15章　学習のまとめ

この章では，安全衛生法およびその他の関係法令に関して，つぎのことがらについて学んだ。

（1）総則

（2）作業主任者の選任

（3）労働災害を防止するための措置

（4）労働災害を防止するための労働者の責務

（5）安全衛生教育

（6）就業制限

（7）健康管理

（8）労働基準法

【練習問題の解答】

（1）×　事業者の行う定期健康診断について，労働者は受診義務が規定されている。＜第4節4．3(1)，第7節7．1④参照＞

（2）○　＜第1節1．2参照＞

（3）×　つり上げ荷重が1トン以上の移動式クレーンの玉掛けの業務は，技能講習を修了した者でなければ，その業務に就くことはできない。＜第6節6．2参照＞

（4）○　＜第8節8．2(1)参照＞

（5）×　可燃性ガス及び酸素を用いて行う金属の溶接，溶断又は加熱の業務は，技能講習を修了した者でなければ，その業務に就くことはできず，特別教育を受けただけでは就業できない。＜第6節6．2①参照＞

［選択］治工具仕上げ法

指導書

［選択］治工具仕上げ法

学習の目標

本編は，治工具を設計・製作する技能者にとって最も重要な課題について学ぶものである。

技術革新の進展の著しい今日，高性能の工作機械を用いて高精度の機械部品などを機械加工する場合，工作機械や切削工具とともにジグ，取付け具について熟知していなければならない。

このような主旨により，この編ではつぎのことがらについて学ぶ。

（1） 治工具の種類，構造および用途

（2） 測定機器の種類および用途

（3） 治工具の製作方法

（4） ジグの組立て，調整および保守

第1章　治工具の種類，構造および用途

第1節　ジグの使用目的と計画

学習のねらい

ここでは，つぎのことがらについて学ぶ。

（1） ジグの使用目的

（2） ジグの使用理由

（3） ジグの分類

（4） ジグを計画するチェックポイント

（5） ジグを計画するための工作物のチェックポイント

（6） ジグを計画するための工作法および作業法の分析

学習の手びき

治工具の種類，構造および用途について十分理解すること。

第２節　各種ジグの形式と構造および材質

学習のねらい

ここでは，つぎのことがらについて学ぶ。

（1）ジグの形式

（2）穴あけジグについて形式および基本的な構造

（3）各種要素（位置決め，受けなど）に対する注意点と基本

（4）各種要素における機構とその得失と実際への適用

学習の手びき

各種ジグの形式，位置決め法，締付け法について十分理解すること。

第３節　ジグ材料および工具材料とジグ部品

学習のねらい

ここでは，つぎのことがらについて学ぶ。

（1）ジグに使用される材料

（2）基準ピンなどの各種ジグ部品に必要な強度，耐久性，耐摩耗性および材料の性質

（3）種々の性質を持つ材料の得失など

（4）各種材料の使い方

学習の手びき

ジグ材料，工具材料の種類および各種材料ジグ部品の使い方について十分理解すること。

《参考》

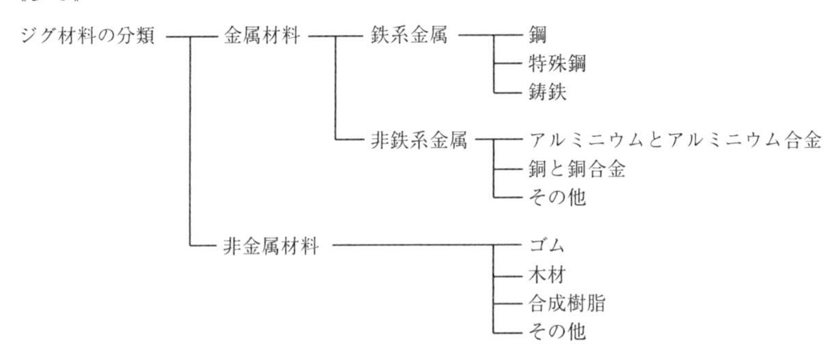

ジグ材料は以上に分類した種々の材料により使用目的に適した材料を機能，経済性，納期などを考慮し，最善の材料を選定するようにしたい。価格，納期および材料の形状はときどき鋼材問屋，素材メーカなどより情報を仕入れ，有効に活用するようにしたい。

［鉄 鋼 記 号］

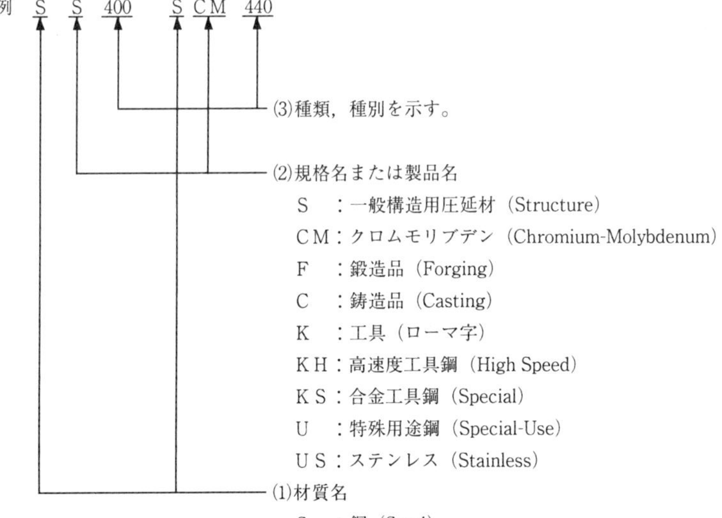

第4節　ジグ設計製作上の注意

学習のねらい

ここでは，つぎのことがらについて学ぶ。

（1）実際のジグを使用するときの段取りのやり方

（2）実際のジグの各種機構とその特徴，注意点

（3）直接工作にはかかわらないが，作業性に重要な影響を与えるジグの段取り，切りくず処理などの注意点

（4）ジグ設計製作上の注意点

学習の手びき

ジグ設計製作を行うために必要となる注意点について十分理解すること。

第1章の学習のまとめ

この章では，治工具の種類，構造，用途などに関して，つぎのことがらについて学んだ。

（1）ジグは，品質維持と生産費の低減を目的として製作される補助工具の一種である。

（2）ジグは，作業の種類，製作費および工作物の種類と精度などにより，各種の形式が考案されている。

（3）上記の理由によりジグの機構は多岐にわたり，その機構もそれぞれの性質に応じ使い分けられる。

（4）ジグの設計，製作はいろいろな要素を考慮し，最善となるようにする。

【練習問題の解答】

（1）×　ジグは生産費を低減するためのものであるから製作費をいくらかけてもよいということにはならない。<第1節1．2参照>

（2）×　適当な位置では製品がひずむおそれがあり，また強力に締め付けて品物がこわれては何もならないため適正な締付け力が要求される。<第2節2．3参照>

第2章　測定機器の種類および用途

第1節　投影検査器

学習のねらい

ここでは，投影検査器についてつぎのことがらについて学ぶ。

① 投影検査器の種類

② 照明系

③ 測定方法

学習の手びき

投影検査器は，大きく分類すると3種類に分けられるが，その形式によって特徴も異なるため，十分理解し，正しい測定を行うようにしなければならない。

第2節　測定顕微鏡

学習のねらい

ここでは，つぎのことがらについて学ぶ。

① 測定顕微鏡の種類

② 工具顕微鏡の概要

③ 工具顕微鏡による測定

学習の手びき

測定顕微鏡は種類も多く，機能，性能にも大きな差があるため，機種の選択と測定方法も適切でなければならない。

ここでは，測定顕微鏡の中でも最も一般的な工具顕微鏡について学ぶが，工具顕微鏡には付属品も多いので，これらの付属品もよく理解し，適切な選択ができるようにしなければならない。

とくに投影検査器を含む光学測定機器を使用する場合，円筒形状の測定を精度よく行うためには，適切な開口角で照明する最適絞り径で測定するなど，注意が必要である。

第3節　三次元座標測定機

学習のねらい

ここでは，三次元座標測定機についてつぎのことがらを学ぶ。

① 三次元座標測定機の種類

② プローブとデータ処理システム

③ 基本測定機能

学習の手びき

三次元座標測定機は形式も多く，また駆動方式による分類も，

① マニュアル式

② モータドライブ式

③ CNC式

と3種類ある。

また，プローブ，データ処理システムなども種類が多いため，それぞれの特徴を学び，適切な使用方法を知ることが大切である。

第4節　ゲ　ー　ジ

学習のねらい

ここでは，つぎのことがらについて学ぶ。

① ゲージの種類と機能

② 使用上の注意事項

学習の手びき

ゲージは種類も多く，またよく使用されるものであるから，おのおのの特徴を十分理解し，適切なものを使用することが大切である。

第２章の学習のまとめ

この章では，長さの測定機器の代表的なつぎの機種について学んだ。

①　投影検査器

②　測定顕微鏡

③　三次元座標測定機

④　ゲージ

ここで学んだ測定器は，代表的なものであるから，その特徴，機能および用途をよく理解して，測定目的に最適な機種を選択することが大切である。

【練習問題の解答】

（１）×　リード角の大きいねじやホブなどの測定に適している投影検査器は，載物台を水平面内で旋回させることのできる光軸水平形（H形）である。＜第１節　１．１参照＞

（２）○　＜第１節　１．１参照＞

（３）×　工具顕微鏡は，一般にコラムを傾斜させることができるので，ねじやホブの測定に適している。＜第２節　２．２参照＞

（４）○　＜第１節　１．２，第２節　２．２参照＞

（５）○　＜第２節　２．３参照＞

（６）×　視野の中で２つの穴が接触したときと，離れるときの座標値の差が直径である。＜第２節　２．３　図２－20参照＞

（７）×　タッチシグナルプローブでは，検出されるデータは，測定子の中心座標である。しかし，データ処理装置によって，測定子の半径分の補正をほどこして，接触点の座標値が計算される。＜第３節　３．２（１）参照＞

（８）○　＜第３節　３．２（２）参照＞

（９）○　＜第３節　３．２（１）参照＞

（10）○　＜第４節　参照＞

第3章　治工具の製作方法

第1節　工作機械の用途

学習のねらい

ここでは，ジグ中ぐり盤，ジグ研削盤，ならい研削盤，ならいフライス盤および放電加工機について，つぎのことがらについて学ぶ。

（1） ジグ中ぐり盤

① 構造および各部の機能　② 親ねじ式と光学式との比較　③ 利用方法

（2） ジグ研削盤

① 構造および各部の機能　② 内面研削盤とジグ研削盤との比較

③ 利用方法

（3） ならい研削盤

① 種類　② テンプレートの利点と欠点　③ 原図の作成方法

（4） ならいフライス盤

① 種類と特徴　② ならい動作の種類とトレーサヘッドの動きの関係

③ 型彫り作業，輪郭切削作業

（5） 放電加工機

① 原理　② 電源と機械装置　③ 実際の加工　④ 種類

⑤ ワイヤカット放電加工機

学習の手びき

ジグ中ぐり盤，ジグ研削盤，ならい研削盤，ならいフライス盤および放電加工機の工作機械の機能，利用方法などについて十分理解すること。

第２節　治工具の製作方法

学習のねらい

ここでは，今まで学んできた仕上げ法に加えて，治工具を製作するために必要な工具の製作方法について，つぎのことがらについて学ぶ。

（1）作業の段取りと準備（作業の能率と安全性，経済性を考えること。）

（2）工具の応用と正しい使用方法（工具の使用目的を認識し最適条件で使用すること。）

（3）製作工程（最も能率的な作業方法を知り経済性を高めること。）

（4）材料の選択（工具の特性にあった材料が選定できること。）

（5）熱処理（工具の特性にあった熱処理方法と注意点，熱処理の目的と効果を考えること。）

学習の手びき

今まで学んできた仕上げ法に加えて，治工具を製作するために必要な工具の製作方法について十分理解すること。

第３章の学習のまとめ

この章では，治工具製作に必要な工作機械および治工具製作方法に関して，つぎのことがらについて学んだ。

（1）第１節であげた工作機械は，治工具製作では欠くことのできない工作機械である。

（2）治工具も複雑な形状および高精度・経済性が要求されてきている。条件にあった工作機械を使用し，加工方法を検討していかなければならない。

（3）手仕上げ用の作業工具の製作では，製作する工具の種類，使用目的により最も適した材料を選定しなければならない。また，加工方法（工程）もいろいろ考えられるが，製作能力（設備，技能など）を考慮して，最も効果的な製作方法を選定することが大切である。

　このことから，切削工具の製作では，工具の目的が工作物を切削することであるから，材料の選定と熱処理方法，刃部の研削方法について最適な材質と方法を理解して製作に当たる。

（4）ゲージは工作物を測定する場合の基準になるものであるから，製作する場合はラッピングのような精密加工を必要とするゲージもある。また，材質，硬度，検査方法などJISで指定されているものもあるので，製作の際は参考にする。

【練習問題の解答】

1．

（1）○　＜第1節　1．1(2) 参照＞

（2）×　光学式の読取りには顕微鏡を使用する場合もある。＜第1節　1．1(3) 参照＞

（3）○　＜第1節　1．1(6) 参照＞

（4）×　穴の内面研削方法には，ふつう内面研削盤による方法もある。＜第1節　1．2参照＞

（5）×　定盤の具備すべき条件はJISで定められている。＜第2節　2．1(1) 参照＞

（6）○　＜第2節　2．1(7) 参照＞

2．

（1）①切削速度，②送り速さ，③最良（①，②はどちらが先でもよい）＜第1節　1．1(4) 参照＞

（2）①研削加工，②公転運動半径，③切込み＜第1節　1．2(3) 参照＞

（3）①テンプレート，②図面，③時間＜第1節　1．3参照＞

（4）①精密，②精度，③剛性＜第1節　1．5(4) 参照＞

第４章　ジグの組立て，調整および保守

第１節　組立て作業の基本と手順

学習のねらい

ここでは，つぎのことがらについて学ぶ。

（１） 部品積上げ誤差と調整

（２） 構成部品の位置決め

（３） 作動部の調整

（４） その他の組立て基本作業

ジグは，加工物の形状，作業目的により，形の大小から構造も多種多様である。組立て作業はこれらのジグの目的，使用方法について，よく理解し作業を進めなければならない。

学習の手びき

組立て作業については，今まで学んできた各編の応用であり，本編の各章はもちろんのこと，とくに共通教科書第１編 仕上げ法，第３編 機械工作法について十分理解すること。

第２節　各種ジグの組立てと使用例

学習のねらい

ここでは，つぎの各種ジグの製作方法について学ぶ。

（１） 穴あけジグ

（２） フライスジグ

（３） 旋削ジグ

（４） 組立てジグ

（５） 検査ジグ

学習の手びき

各種ジグは，その使用目的により特徴を持つ。すなわち，ジグの目的により，ジグを使用する機械も決まり，ジグの構造も変わってくる。したがって，各種のジグを組立てる上で，その使用する機械の構造や行われる作業について十分理解すること。

第３節　ジグの保守と点検

学習のねらい

ここでは，ジグの保守と点検を行うために必要なつぎのことがらについて学ぶ。

（1）　基準面の摩耗

（2）　ブシュの摩耗

（3）　ジグの保管と定期点検

生産に使用される各種のジグは，いつでも使用できる状態に保ち，生産に支障を与えることがあってはならない。

学習の手びき

基準の摩耗，ブシュの摩耗，ジグの保管と定期点検について十分理解すること。

第４章の学習のまとめ

この章では，各種ジグの組立て，保守などに関して，つぎのことがらについて学んだ。

（1）　ジグの組立てに当たっては，その基本となる各編の事項をよく理解しておくことが必要で，とくに共通教科書　第１編 仕上げ法，第２編 機械要素，第３編 機械工作法は関連が深い。

（2）　ジグの使用目的を達成させるためには，精度と動きを伴う機能部分の両方が満足していなければならない。

（3）　ジグの組立てを開始する前にやっておくべきことは，組立ての基準となる平行，平面，直角面の点検である。

（4）　ジグは高い精度を要求され，組立てに当たっては積上げ誤差に注意し，調整を加えながら作業を進める。

（5） ジグはその使われる機械，作業の目的によって構造が異なり，したがって製作上の注意点も異なる。

（6） ジグは長い間の使用に耐え高い精度を維持しなければならず，これには日常の管理と使用条件に適合した定期点検などの管理が必要である。

【練習問題の解答】

１．

（1） ○　＜第１節　１．２（3）参照＞

（2） ×　偏心カムの締付け方向への偏位量は，偏心量の２倍である。＜第１節　１．３参照＞

（3） ×　軸受は圧入しろが多いと締め付けられ，径が小さくなり，はめあいの状態が悪くなる。＜第１節　１．３（3）参照＞

（4） ○　＜第１節　１．３（4）参照＞

（5） ○　＜第２節　２．５（1）参照＞

（6） ×　摩耗したブシュを簡単に取り替えて，一定の寸法を保持するのは差込みブシュである。＜第３節　３．２参照＞

２．

（1） ねじ，リンク，空圧，くさび（順序はどちらが先でもよい。）＜第１節　１．３（1）参照＞

（2） 締付け機構，加工物の送り，（順序はどちらが先でもよい。）＜第１節　１．３（2）参照）

（3） ①通風，②湿度＜第３節　３．３（1）参照＞

（4） 日数，加工数（順序はどちらが先でもよい。）＜第３節　３．３（3）参照＞

[選択] 機械組立仕上げ法

指導書

［選択］機械組立仕上げ法

学習の目標

本編では，機械の製作に当たっての最終的な工程となる組立ておよび調整作業について学ぶが，機械の組立て作業を行うについては，共通教科書とあわせて学習することが大切で，とくに機械組立て技能者としては機械要素の各部品の特徴を熟知し，さらにその性能を十分に発揮させることが大切である。

この編ではつぎのことについて学ぶ。

（1） 機械組立て作業の準備と段取り

（2） 機械部品の組付けおよび調整

（3） 機械の組立て調整

（4） 製品の各種試験方法

（5） ジグ，取付け具

第1章　機械組立て作業の準備と段取り

第1節　組立て作業の準備

学習のねらい

ここではつぎのことがらについて学ぶ。

（1） 機械部品の取付け前の手入れや確認事項

（2） 組立て作業全般についての準備

学習の手びき

1．1　組立て作業全般の留意事項

機械は数多くの部品の集合体であり，それらの1つ1つにそれぞれの目的があると同時に部品相互間のつながりがあるはずである。これらの機構を十分理解してから，作業を進めていかないと，あとで苦労したり失敗する原因となる。

1．2　組立て図の確認

この確認を十分に行っておかないと，後で組立て順序を間違えたり，部品の組み違いなどの誤りをおかすことになる。

1．3　機械部品の取付け準備

機械部品の多くは，検査を経て合格したものだけが送り込まれてくるが，それぞれの製品には公差があり，その寸法許容差内に合格したものでも，組合せの結果によっては，よりよいものが得られるし，また機械の寿命や精度に影響するので，組み立てたのちの精度検査にとくに関連のある部品についてのしゅう動部分のはめあいや表面粗さについての確認が必要である。

その他各部品についてのばり取りや機械加工面の精度向上のためのきさげかけ，取付け前の洗浄と保管についても知っていなければならない。

1．4　組立て作業の準備

組立て場所の選定と清掃から始まり，使用工具やジグの準備およびボルト・ナット類の手配と組立部品の搬入と保管など，組立て作業を行うについて支障なく円滑に進められる準備が必要である。

第2節　機械組立ての順序

学習のねらい

ここでは一般的な機械組立ての基準の定め方と，組立て順序について，工作機械を例にとって学ぶ。

学習の手びき

工作機械の種類によって，それぞれ段取りは異なるが，いずれの場合においても，主要部分を組み立てたのちに本体に組み付けていくのがふつうで，組立ての手順については作業指導書に従って行うが，疑問のあるときは経験者の指導を得ると同時に作業者グループの意見の統一をはかることも大切である。

第１章の学習のまとめ

（1）組立て作業に入る前の準備について理解ができたか。

（2）機械部品の取付け前の確認事項および手入れについて理解できたか。

（3）工作機械（旋盤）についての組立ての手順が理解できたか。

【練習問題の解答】

（1）×　公差内に仕上がって合格していても，ばらつきによる偏差があるので，この偏差の近いものを選別すると，より精度の高い組合せを得ることができる。＜第1節1．3(2)参照＞

（2）○　＜第1節1．3(3)参照＞

（3）×　しゅう動面におけるきさげ仕上げについては，面の精度の向上と同時にわずかな切削あとが油だまりの役を果たし，密着を防ぐ働きを与える。
＜第1節1．3(4)参照＞

（4）○　＜第2節参照＞

第2章　機械部品の組付けおよび調整

第1節　締結部品による組付け作業

学習のねらい

ここではつぎのことがらについて学ぶ。

(1)　ボルト・ナットをはじめ各種ねじ部品の締付けや緩み止めの方法，および各種ボルト用の穴加工やねじの緩め方

(2)　各種キーによる結合法

(3)　ピン，コッタによる結合法

(4)　リベットによる結合法

学習の手びき

1．1　ねじ部品による組付け作業

ねじ部品による組付けは，機械組立てに最も多く用いられるもので，初歩的なものではあるが，不完全な締付けは機械の寿命を縮め，精度の劣化を早めると同時に大きな災害をまねくので，特に念入りに，また詳細な知識と技能を身につけていなければならない。

(1)　一般に広く用いられる六角ボルト・ナット，植込みボルトの取付け，ねじ回しによる小ねじの締付けおよび円形ナットの締付けについて学ぶ。また，特に気密を必要とするカバーやフランジなどの取付けには数多くのボルト・ナットが用いられるが，これらの締付け順序を正しく行うことにより，取付けを容易にすると同時に漏れを防ぐことができる。その他気密を必要としないカバーなどについても手順どおりに行わないと，片締めの原因となり，部品に倒れや無理を生じて取付け部品を平均に締め付けることができない。

また，ボルト・ナットの締付け力はボルト径に応じて適正な締付け力が必要で，強すぎてはボルトをねじ切るおそれがある。機械部品をボルト・ナットで固定し，位置決めや心出しを行う場合もねじの締め加減によって心出しを行ってはならな

い。必ず規定のトルクで締め付けたのちに心出しができていなければならない。

（２）一般にねじ部品やボルト・ナットの締付け強さはトルク法によって管理されているが，規定のトルク値に締め付けた後でさらに一定の角度（30°とか45°）に，締め付ける方法を回転角法といい土木，建築などの構造物の締付けに使用されている。

（３）植込みボルトは，機械本体に植え込んで用いるが，ボルト両端のおねじ有効径が異なるので，植込み側（平先）を誤らないことと，植え込みの深さについては，材質によって異なると同時にねじ下穴の加工については，深さをさらに５～10mm深くしないと，めねじに必要な完全ねじが得られない。

ねじの緩み止めは，回転部や振動部品の取付けに欠くことのできないものであり，組み付ける部品や取付け場所の状況に応じた適切な方法を選ぶことが大切である。

締結用に用いるボルト穴は，ボルトの種類や取付け部品の形状と用途によって異なるが，いずれも穴位置はねじと一致させることが必要である。分解の必要のあるときは，必ず合い印をつける習慣をつけておくと，あとの組立て作業が容易となるばかりでなく，取付け位置を誤ることを防ぐことができる。

固いボルト・ナットの緩め方およびねじ切れたボルトを取り去る手段を知っていることも組立て技能者として必要なことである。

１．２　キーによる結合

キーの種類には各種あるが，それぞれの特性を再度「機械要素編（共通教科書第２編）」で学習することが必要である。キーは歯車等回転軸に固定する場合の代表的なもので，とくに機械の精度に大きな影響を与えるので取付けには十分な配慮が必要で，キーの製作に当たってはJISに材質および形状，寸法が規定されているので，これを参考として，キー合わせを確実に行う。

ここでは代表的な平行キーを中心にその他のキーについて学ぶ。

こう配キーはこう配によってボスと軸を確実に固定するときに使われる。したがって，このこう配を正確に仕上げることは大切な作業である。このこう配の割出し方をよく理解しなければならない。

1．3　ピンおよびコッタによる結合

ピンによる結合は，取付け機械部品の位置決めや，両部品の簡単な結合に用いる。テーパピンは結合が確実で，あまり力のかからない所に用いるが，ときには過度の力がかかったとき，テーパピンが切断されることによって，他の高価な部品に損傷を与えるのを未然に防ぐことができる。

平行ピンは，一般に位置決めに用いるが，穴がピン径としっくり一致しないと位置ずれやピンの寿命が短くなるので，穴はリーマ通しするのがふつうである。

コッタは，ピンに比べて同径の軸に対して切断に強いが，回転軸にはあまり用いられない，一般に軸線方向の力を受ける軸の結合に用いる。

1．4　リベットによる結合

組み立てたのちに分解する必要のない小物部品に多く用いられている。工数が少なく重量を増すことがないことと，確実なことから板物や形鋼などの結合に用いられている。

第2節　機械部品の組付け

学習のねらい

ここでは，つぎのことがらについて学ぶ。

（1）　転がり軸受，滑り軸受の組付けと調整
（2）　軸の組付けに際しての曲がりの調整と選別組合せ
（3）　手作業とプレス機械による圧入と焼ばめ作業
（4）　筒形とフランジ形の軸継手の組付け
（5）　歯車装置の組立てにおけるバックラッシおよび歯当たり検査
（6）　ベルトおよびベルト車の取付け
（7）　ガスケット，パッキンおよびオイルシールの取付け
（8）　コイルばねの組付け

学習の手びき

２．１　軸受の組付け

軸受の種類と特徴については，「機械要素編（共通教科書第２編)」を再度学習することによって，理解を早めることができる。

ラジアル転がり軸受の組付けには軸に内輪をしまりばめとする内輪回転と，外輪をハウジングにしまりばめとした外輪回転があるが，一般には内輪回転とするのがふつうで，軸が静止して，ハウジングが回転する外輪回転は，軸受の寿命が著しく短くなる。

転がり軸受には，予圧を必要とする場合があるが，これは転がり軸受の転動体とレース（内輪，外輪）間にあるすきまを完全に取り除くためで，すきまをゼロまたはマイナスにすることを予圧を与えるといい，回転軸にわずかな振動や移動も許されない研削盤といし軸や旋盤の主軸などにこの方法がとられている。

軸受の組付けに，木ハンマを用いて直接軸受を打ち込むと木片が飛散するので，できるだけジグを用いるか，プレス機械で圧入する。しめしろの大きい軸受は100°Ｃぐらいに温めた油槽に浸して膨張させてから，速やかに圧入する。あまり過度に加熱すると軸受の材質に変化を与え，寿命を縮める。圧入に際しては，軸受のころに変形が生じるほどのしめしろがあってはならない。軸に取り付けたのちに手で回して，円滑に回転することを確かめ，軸と内輪が空回りすることなく，むらのない感触が得られる状態に取り付けることが大切である。

スラスト転がり軸受のしめしろは，回転軸側に与えられており，ラジアル軸受ほどのしめしろはないが，軸に挿入するときは，傾きのないよう平均に押し込まないと，軸をきずつける。一般の機械では，スラスト軸受を単独で使用するということはほとんどなく，ラジアル軸受と併用されるのがふつうである。

組付けを終了したのちの運転検査は，いきなり負荷を加えることなく，必ず手回しによって確かめたのちに所要の手順をふんで，順次段階的に運転検査を行う。これはすべての運転検査に共通する大切なことである。

滑り軸受は転がり軸受と異なり，高精度なものから簡単なものまで広範囲に使用されているが，高精度のものについては，油膜を維持する軸と軸受とのすきまの調整とすり合わせに多くの経験と高い技能を必要とする。スラスト軸受はラジアル滑り軸受に比べて，精度の高いものは得られない。

2．2　軸の組付け

軸は人間でいえば背骨に当たるもので，これに歯車のような動力伝動部品や種々の部品が取り付けられる。したがって取付けにあたっては曲がりやきずを生じないよう，慎重に取り扱わなければならない。また，事故のあった機械の修理に当たっては，軸が何らかの影響をうけているので，曲がりの有無を確かめ，必要に応じて曲がりを修正しなければならない。

軸と穴のはめあいは，その機構の精度を左右する場合が多い。したがって，量産されるものについては，最も適したはめあいの軸と穴の組合せによって，さらにすぐれた機能を得ることができる。したがって，合格品といえどもそれぞれのもつ寸法許容差から最も適したはめあいを選ぶことも大切なことである。この方法を選別組合せ法とよんで量産の高精度な機械部品の組立てによく用いられている。

2．3　圧入による結合

軸径より穴径をわずかに小さくして，手作業または機械プレスで機械的に圧入し，軸と穴を結合する方法で，一般に分解を行うことはほとんどないが，必要上から分解したときは，軸と穴に変形が生じているので，そのまま組み付けることは避けなければならない。

焼きばめは熱膨張を利用した物理的な方法で，一般に穴部品を加熱膨張して穴径を大きくした状態で軸を挿入し，放冷して室温に戻ったときの収縮によって軸をしっかりと締め付けて結合する。加熱温度については，材質に影響を与えない120°C以下とし，操作は速やかに行うことが大切である。

また，軸を冷却して収縮を利用する方法を，一般に冷やしばめとよんでいる。

2．4　軸継手の組付け

軸継手を大別すると筒形のものとフランジ形がある。筒形は一般に小径軸に用い，ピンまたはキーによって結合されるが，大きな動力を伝えるにはフランジ継手が結合部が強力で有利である。また両軸の心合わせは筒形の場合は正確を要するが，フランジ形には多少の狂いに対応できる構造のものが多い。しかし，いずれの場合でも両軸の心合わせが継手の寿命と騒音，振動に大きな影響を与えることに変わりはない。

2．5　歯車装置の組付け

歯車の組付けは，最終的に運転したときに騒音や振動の最も少ない状態に組むことに重点が置かれる。そのためには歯車を組み込むときにバックラッシの調整と歯当たりの検査を行う。したがって，それぞれの歯車に必要な適切なバックラッシの大きさを知り，また歯当たりの状態から歯車の組付け位置の調整ができるようでなければならない。

ここでは代表的な歯車として，平歯車とかさ歯車について学ぶが，いずれの場合も，バックラッシと歯当たりは密接な関係があるので両者の検査を繰り返し，運転して最も円滑に静かな状態に組み付けることが大切である。

また，歯車を軸に取り付けるとき，キー合わせが完全でないとキーが抜けて危険であるのは当然のこととして，歯車と軸の取付け部にすきまが大きいと，キーを打ち込むことによってすきまが一方に寄せられて偏心するので，軸と歯車の穴寸法はしっくり合うものでなければならない。

また，はすば歯車では回転によってスラストが生じるので，こう配キーを用いる場合はその方向に注意しないとキーが抜けだすことがある。かさ歯車の場合も同様で回転によってかさ歯車が引き上げられたり，押し込まれたりするので，かさ歯車装置の設計には，転がりスラスト軸受が取り付けられ，キーの抜けるのを防ぐ対策がなされている。

バックラッシの調整は一般に軸間距離を移動して行うが，歯当たりについては２軸の取付け位置（平歯車では平行，かさ歯車では直角）を調整して行う。

2．6　ベルトおよびベルト車の取付け

平ベルト車の取付けは，回転させたときに振れのないことと，両ベルト車の外周が平行であることが大切で，ベルト車に振れがあるとベルトに波打ちを生じる。また両ベルト車の心合せや平行がでていないと，ベルトに片寄りができて，寿命が著しく短くなる。

Ｖベルトは長さが限定されているので，一般の工作機械では，張力を調整できる機構になっているが，ゆるすぎてベルトがスリップしないこと，また必要以上の張力を加えて寿命を短くしないことが大切である。また，数本のＶベルトを同時に用いてある箇所については，すべてのＶベルトに均等に力がかかるように同一メーカのものを使用し，そのうちの１本が不良になって交換を必要とする場合は，全部のベルトを同時に交換す

る配慮が大切である。

2．7　シール部品の組付け作業

内部からの液体の流出，または外部からの異物の侵入を防ぐ目的に各種の密封装置が必要で，シール部品としてガスケット，パッキンおよびオイルシールなどがある。また機械的なものにはラビリンスパッキンなどがあるが，ここでは主にシール部品としてのガスケット，パッキンおよびオイルシールの取付けについて学ぶ。

ガスケットには紙質やコルクをシート状とした軟質パッキンと金属質の硬質パッキンがあるが，シートパッキンの量産品で金型を用いてプレスで打ち抜かれたものは，修理等ではこれを作り出すことが必要になる。また，取付け時は特にボルトの通し穴部分が破れやすいので取扱いに十分注意する。また，高温高圧のシールは，必ずいったん使用条件で運転したのちに増締めといって，再度ボルト・ナットを締め付けることがシールを確実なものにするために必要なことである。

パッキンとガスケットは一般にはっきり区分されていないが，板状またはシート状のものをガスケットとよび，各種繊維をより合わせたものや断面形がV，U，Lなどに成形された皮や布入りゴム，テフロンなどをパッキンとよんでいる。また静止部に用いるものをガスケット，回転またはしゅう動部に用いるものをパッキンとよんで区別しているが，実際には同一部品を静止部に用いたり，回転部に用いたりする場合もあるので明確には区分されていないのが現状である。

オイルシールは，最近その性能の確かなことと取付け交換が容易なことから非常に多く用いられ，JIS B 2402に規定され標準化されてきた。構造の簡単なものではOリングから，高精度の補強環を有するリップ付きのものまであり，これらの取扱いおよび取付けについて，それぞれの特徴をいかして，シール効果をあげなければならない。

シール部品は，一般に金属によるものは，高温，高圧などの過酷な条件に耐えられるが，復元力が乏しいので，シール部品およびこれに接する機械部品の面については仕上げ精度も高く，またこの面をきずつけないように細心の注意が必要である。

2．8　ばね部品の組付け

ばね部品を大別すると線材で作られたコイルばねと，車軸等に用いる板ばねおよび，ぜんまいなどに用いられる渦巻きばねがあるが，工作機械用として使用されるもののほとんどはコイルばねが主である。

コイルばねは各種形状のものが市販されているが，その中でも圧縮コイルばねの使用が最も多く，また破損したときも，引張ばねのように完全にその機能を失うことがないので，取りはずし交換が容易なところを除いては，できるだけ圧縮ばねを使用できる構造が望ましい。

圧縮コイルばねは座屈さえなければ，疲労による破損または，ばね能力を失うことはほとんどないが，ばねの能力以上に荷重を加えたまま長時間放置することは，ばねの寿命を縮める結果となるので，使用時以外はできるだけばねに負担をかけないようにすることが大切である。

また，引張コイルばねやねじりコイルばねについては取付け部のフック部分に力が集中して破損しやすいため，フックのR部分はできるだけ大きく，また，局部的に力のかからない工夫が必要である。

とくに引張コイルばねの取付けは，ばねに作用する力の方向とコイルばねの軸線が一致するか，または平行に取り付けないと，揺動部品が円滑に作動しないことがあり，また取付けの状態で力の作用しない場合でも，わずかに引張り力が働くようにしておかないと，ばねがおどり，フックがはずれることがある。

第２章の学習のまとめ

（1）締結部品による組付けの作業について，つぎのことがらが理解できたか。

① ボルト・ナットの締付け管理におけるトルク法と回転角締付け法の意味について。

② ボルト・ナットの締付けおよび締付け順序

③ ボルト・ナットの緩み止めの各方法

④ 締結用各種の穴加工

⑤ 固いボルト・ナットの緩め方およびねじ切れたボルトの抜取り方

⑥ 各種キーの特徴とキー合わせ

⑦ ピンおよびコッタによる結合

⑧ リベットによる結合

（2）機械部品の組付け作業について，つぎのことがらが理解できたか。

① 転がり軸受および滑り軸受の組付け

② 軸の組付けと圧入作業

③　軸継手の組付け

④　歯車装置におけるバックラッシと歯当たりの調整

⑤　平ベルトとＶベルトおよびこれらのベルト車の取付け

⑥　シール部品の種類と用途およびこれらの取付け

⑦　コイルばね部品の組付け

【練習問題の解答】

（1）○　＜第1節1．1参照＞

（2）○　＜第1節1．1(2)参照＞

（3）×　植込みボルトの植込み側は平先になっている。＜第1節1．1(3)図2－5参照＞

（4）×　ばね座金は，振動を伴わないところの緩み止めに用いる。＜第1節1．1(5)参照＞

（5）○　＜第1節1．2参照＞

（6）×　リベット用の穴はリベット径より0.1～0.2mm大きめにあける。＜第1節1．4参照＞

（7）○　＜第2節2．1参照＞

（8）○　＜第2節2．2(2)参照＞

（9）×　クラウニングとは歯の当たり面を中高になるように修正することである。＜第2節2．5(1)参照＞

（10）○　＜第2節2．5(2)参照＞

（11）×　反対で大径には後からかけるようにしないとかけられない。＜第2節2．6参照＞

（12）○　＜第2節2．7参照＞

（13）○　＜第2節2．7(3)参照＞

（14）○　＜第2節2．8(1)参照＞

第３章　機械の組立て，調整作業

第１節　面および取付け位置の測定と調整

学習のねらい

ここでは，工作機械を例にとりテーブル面やしゅう動面などについての真直度，平面度および平行度の測定方法と調整について学ぶ。

学習の手びき

工作機械は必ず基準となる案内面やしゅう動面をもっているが，これらの面について，単品の場合と組み立てた状態では，面の精度が変わる場合がある。組立て作業では，この確認方法と調整について知っていなければならない。

１．１　真直度の測定と調整

真直度の測定には小さなものについては，ストレートエッジ（直定規）が用いられるが，長い面については，水準器，緊張鋼線および光学器械によるオートコリメータが用いられる。

１．２　平面度の測定と調整

平面度の測定は，一般に工作機械においては，基準となる平面をもった定盤とのすり合わせが多く用いられるが，しゅう動部のように相手のあるものについては，一方を定盤で平面をだしたのち，これを基準として，ともずりするのがふつうである。単体の広い面については，真直度と同様に水準器やオートコリメータを用いる。

１．３　平行度の測定と調整

他の部品との平行または同一部品における２面間の平行の測定は，主にダイヤルゲージが用いられているが，工作機械のしゅう動部における平行度は，実際に組み立てた状態で，平行運動を確かめることが大切であり，個々の部品についても，まず基準となる面を定め，順次１つ１つ正しく平行を出していかないと最終的に精度の出ないときに，どこを修正してよいか迷って，いたずらに時間を費やすことになる。それぞれの部品間の平行度についても同じことがいえる。

真直度，平面度および平行度の調整については，主にきさげ加工が行われるが，支点の位置を変える工夫も大切である。

1．4　機械部品相互間の直角の測定と調整

機械部品の取付けには直角の要求されるものが多い。これらの代表的な測定方法についてはJIS B 0621を参考として行うが，調整方法については，それぞれの条件によって異なり，一般には取付け位置の調整またはきさげ加工によって，取付け面を修正して行う。

第2節　すべりしゅう動部の組立てと調整

学習のねらい

ここでは，つぎのことがらについて学ぶ。

（1）　しゅう動部のすり合わせとすきまの調整

（2）　平形およびあり溝しゅう動面のきさげ加工と組付け

（3）　油溝の加工

学習の手びき

機械のしゅう動部は精度に大きな影響を与え，重量を支え使用度の多い部分では摩耗も大きいので，定期的な検査と調整が必要である。

2．1　しゅう動面のきさげ仕上げ

しゅう動に関係のない面のきさげ加工は，面の精度を高めるために行ったり，機械部品の取付け位置のわずかな量の調整のために行われるが，しゅう動面については，さらに接触面がリンギング（密着）してしゅう動が重くなることを防ぐことと，面にわずかなくぼみを与えて，これを油だまりとする目的がある。一般に精度の高いものほど黒当たりの数は多く，細かなきさげ目になっている。

２．２　すきまの調整

しゅう動面についてのすきまの調整は，ジブを用いて行うのがふつうで，とくにこう配付きのものは，摩耗やしゅう動の固さを調整できて便利である。

２．３　きさげ作業における当たりの調整

しゅう動面の精度をより長く維持するためには，摩耗を考えて，許容差内の真直度については，使用度の多い部分は（＋）側になるように仕上げることが大切である。したがって，工作機械のベッド面では，使用度の多い中央部については中高になるよう指示されている。

また，このように仕上げられた面と接する相手の面は，平らかまたは中低にしないと安定が悪いので，この対策も必要である。また，ボルト・ナットで固定される旋盤などの主軸台のすえ付け面は，中低としたほうが安定性が高い。

２．４　平形しゅう動部の組付け

しゅう動部のきさげ仕上げは，必ず基準となる１面を定め，１面ごとに確実に仕上げてつぎに移ることが大切であり，不完全なままでつぎに移ると，最終的に調整を行うとき，１箇所修正すると他との関係に不都合を生じ手直しする箇所が判定できなくなるので，それぞれの面については，納得できるまで，きさげ仕上げを行うと同時に当たりについては精度に応じた当たりをとり，長手方向については荷重のかかる面は中高に仕上げる。

２．５　あり溝しゅう動部の組付け

あり溝しゅう動面のおす形とめす形は，一般に工作が容易なおす形をめす形に合わせて仕上げるのがふつうである。したがって，最初にめす形のしゅう動面を基準ブロックとすり合わせて仕上げたあとに，おす形をめす形と現物合わせによって仕上げる。めす形の側面については，直接おす形と接する面の精度は念入りに出すが，他面のジブを挿入する側については，ジブが安定する程度でよい。

また，あり溝の測定は，寸法そのものについてはジブで調整できるので主に平行度に重点をおき，平行については厳格に測定しながら仕上げなくてはならない。

2．6　油溝の加工

油溝の加工は溝たがねを用いて，ハンマではつる方法から現在では空気機器による方法が多く用いられているが，いずれの場合でも，はつりあとは，溝の角を滑らかにやすりやといしで取り除くことが大切である。

第3節　機械の組立て調整

学習のねらい

ここでは，機械の代表的なものとして，つぎのことがらについて学ぶ。

学習の手びき

3．1　旋盤の組立て作業

すべて，工作機械の組立てについては，必ず水平出しを行い，安定した床上で組立てを進めていかなければならない。また，組立てについての段取りおよび準備については，第1章を参照しながら進めていく。

工作機械の組立ては，一般に各主要部分ごとに組み立て，これらを機械本体に組み付けていくのがふつうである。

旋盤の組立ては，つぎの順序に従って行う。

①　ベッドのすり合わせ

②　往復台の組付け

③　横送り台の組付け

④　回転台の組付け

⑤　主軸台の組付け

⑥　心押し台の組付け

⑦　エプロンおよび親ねじの組付け

精度検査は，その都度行うが，すべてJISに定める静的精度検査における許容差内に納まらなければならない。

３．２　立てフライス盤の組立て作業

立てフライス盤における基準は，主軸頭にあり，まず本体のコラムに主軸頭を取り付けてからつぎの順序によって組み立てていく。

① コラムのしゅう動面の仕上げ
② サドル下面のしゅう動面の仕上げ
③ ニーのサドル側のしゅう動面の仕上げ
④ ニーのコラム側のしゅう動面の仕上げ
⑤ ニーおよびサドル下面のジブ合わせ
⑥ サドル上面のしゅう動面の仕上げ
⑦ テーブルのしゅう動面の仕上げ
⑧ テーブルのジブ合わせ
⑨ 各ねじ送り機構の取付け

この段階で精度検査を一通り行い，必要があれば，サドルを中心に修正を行う。その後自動送り装置，給油関係および配線，配管，動力関係の組付けを行う。

第３章の学習のまとめ

（1） 機械部品のもつ面の精度の測定および調整についてつぎのことがらが理解できたか。

① 真直度の測定と調整
② 平面度の測定と調整
③ 平行度の測定と調整
④ 機械部品相互間の直角の測定と調整

（2） しゅう動面の組立てについて，つぎのことがらが理解できたか。

① しゅう動面のきさげ仕上げ
② しゅう動面のすきまの調整
③ 平形しゅう動面の組付け調整
④ あり溝しゅう動部の組付け調整
⑤ 油溝の加工

（3） 代表的な工作機械として旋盤，立てフライス盤の組立て調整について理解でき

たか。

【練習問題の解答】

（1）○　＜第1節1．1(2)参照＞

（2）○　＜第2節2．2参照＞

（3）○　＜第3節3．1参照＞

（4）×　先下がりになってはならない。　＜第3節3．1(5)参照＞

（5）○　＜第3節3．3参照＞

第４章　製品の各種試験方法

第１節　工作機械の精度検査と運転検査

学習のねらい

ここでは工作機械を例にとり，つぎのことがらについて学ぶ。

（1）　工作機械の静的精度検査

（2）　工作機械の運転検査

学習の手びき

一般の機械に比べて，高精度の維持を重要視する工作機械では，各機種ごとの検査項目，検査方法などがJISで詳細に規定されている。このJISの一部を教科書の巻末に添付してあるので，これを参照しながら学習するとよい。

１．１　工作機械の静的精度検査

工作機械の静的精度検査は，必ずしも組み立てたのちに行うとは限らず，各部品の取付けの途中における取付け位置の確認，または使用中の機械の定期点検にも行われる。

１．２　工作機械の運転検査

工作機械の運転検査は，完成された工作機械を実際に運転して，各部の機能が十分に目的を果たすことができるか，さらにその機械によって製作された工作物に対し，所要の精度が得られるかどうか，また工作物の加工時の剛性について行う検査である。

第２節　耐圧および気密試験

学習のねらい

ここでは，気密または圧力容器に対するつぎの試験方法について学ぶ。

（1）水圧および空気圧による圧力試験の方法

（2）気密試験

学習の手びき

ポンプやコンプレッサのように圧力容器を備える機械については，使用圧力に十分に耐えられることを確認し，これを保証するために耐圧試験を行うと同時に，漏れのないことを確かめる気密試験が行われるのがふつうである。

2．1　圧力試験

圧力試験には水を容器に満たし，ポンプで加圧する方法と，圧縮空気を送り込んで加圧する空気圧試験があるが，空気は水に比べて圧縮比が高いので，もし容器が破壊したときは空気圧の場合は破片が飛散して非常に危険なため，一般には水圧試験が多く用いられている。

一般に試験圧力は，容器の使用圧力より高いのがふつうで，圧力検査においては，圧力計は故障のある危険性を考えて，最低２個を取り付ける必要がある。また水圧試験については空気抜きを完全に行うことが大切である。

空気圧試験については，水抜きや空気抜きの手間は省けるが，破壊したときの危険性が大きいので，加圧は段階的に行い，一気に試験圧力まで加圧してはならない。

2．2　気密試験

一般に気密試験は水圧，または空気圧試験と同時に行われるが，特に検出度を高めるために特殊なガスを封入し，専用の検出器を用いて測定することがある。

第3節　釣合い試験

学習のねらい

ここでは，つぎのことがらについて学ぶ。

（1）　釣合いとはどのようなことか。

（2）　不釣合いの種類と対策

（3）　回転機械－剛性ロータの釣合い良さ

（4）　釣合い良さの等級と許容残留不釣合いの求め方

学習の手びき

3．1　釣合い一般

ロータ（回転体）をもつ機械では，バランスがとれていないと運転中に大きな振動や騒音が発生する。また高速回転を行うものは，破壊の危険が生ずる。

3．2　不釣合いの種類と対策

薄い円板状のロータについては，ロータを軸に固定して，２本の平行レール上に置けば，重いほうが下にきて静止するので，不釣合いの修正が容易にできるが，軸方向に厚みのあるものでは，どの部分にどれだけの不釣合いがあるかを知ることは非常に困難であり，また完全に釣り合わせることはできない。したがって，ロータの機種とその使用目的によって，許される範囲の残留不釣合いを前もって定めておくことが大切である。

薄い円板状の静不釣合いについては，１面釣合わせでよいが，厚みのある場合に生ずる偶不釣合い，また動不釣合いについては，２面で釣合わせを行うのがふつうである。

3．2　回転機械－剛性ロータの釣合い良さ

JIS B 0905には剛性ロータの釣合い良さについての定義および釣合い良さの表し方と等級との関連が示されている。

釣合い試験は回転体自体の不釣合いを確かめ修正するために行うが，必要に応じて機械本体に取り付けたのちに行う場合もあるが，一般には本体に取り付けると剛性を増し

て，振動は減少するのがふつうである。

第４節　騒音の測定

学習のねらい

ここでは，つぎのことがらについて学ぶ。

（1） 騒音の定義と騒音計

（2） 騒音測定条件と要点

（3） 歯車装置の騒音測定

（4） 工作機械の騒音レベルの測定

学習の手びき

４．１　騒　音　計

最近の公害問題の社会的な関心の高さにみるように，直接生産に影響のない音や，ないほうが好ましいと思われる音を騒音という。

騒音に関する用語のうち，音圧，音圧レベル，騒音レベルなどの意味とともに，騒音計の種類と原理について理解すること。

また，騒音レベルの大きさはデシベルで表し，単位記号はdBであることも理解すること。

４．２　騒音測定条件と要点

（1） 騒音レベル測定に当たって留意すべき事項は，JISで規定されているが，

① 音以外のものの影響にはどのようなものがあるか。

② 暗騒音とはどういうことか。周囲の音の影響はどのようなものか。

③ 暗騒音の補正のしかた。

について理解すること。

（2） 騒音計の特性には周波数補正回路というものがあるが，騒音レベルの測定にはＡ回路を使う。また，動特性とは信号の継続時間その他の条件によって定められているもので，速（Ｆ）緩（Ｓ）とがあるが，原則として緩（Ｓ）の動特性を使

う。

4．3　歯車装置の騒音測定方法

JIS B 1753で歯車装置の騒音測定方法について示されているが，測定条件，マイクロホンの位置，暗騒音の補正，測定結果の記録のしかたなどについて示されている。

4．4　工作機械の騒音レベルの測定方法

JIS B 6004では，すべての工作機械の騒音レベルの測定方法と，測定結果の記録のしかたなどについて示されている。

第5節　振動の測定

学習のねらい

ここではつぎのことがらについて学ぶ。

（1）　振動の波形とその影響

（2）　振動計の種類と測定法

（3）　工作機械の振動検査

学習の手びき

5．1　振動の波形

振動も騒音と同様に公害に関係し，機械に与える影響は音より大きく，加工精度に直接影響を与えるものであるが，性質については共通するものがあり，振動を波形で表すことができる。したがって，振動数は1秒間に繰り返される数をヘルツ（Hz）で表し，振動の変位はμm単位で示す。

振動の原因には，回転体の不釣合いや騒音，組付けの不完全が大きな影響を与えることから振動測定と同時にこれらの対策について知っていなければならない。

5．2　振　動　計

振動計は各メーカによって種々考案されているが，形式からつぎのものに分類するこ

とができる。

① 機械式振動計

② 光学式振動計

③ 電気式振動計

④ その他，ダイヤルゲージや振動片による測定

5．3　工作機械の振動検査

騒音と同様にJIS B 6003に旋盤，フライス盤，ボール盤，研削盤について振動の測定方法および記録方法が示されている。その他の機種については，これらの規格に準じて行うことが望ましく，騒音測定も同様である。

第4章の学習のまとめ

（1） 代表的な工作機械である旋盤，フライス盤，ボール盤について，つぎのことがらが理解できたか。

① 動的精度検査の測定箇所，測定方法および許容差

② 各種工作機械の運転検査

（2） 水圧および空気圧による耐圧試験ならびに漏えいの検出方法について理解できたか。

（3） 釣合い試験について，つぎのことがらが理解できたか。

① 不釣合いの要因

② 1面釣合せと2面釣合せ

③ 許容残留不釣合いと等級

④ JISに定められた回転釣合い良さ

（4） 騒音について，つぎのことがらが理解できたか。

① 騒音と暗騒音

② 暗騒音による補正値

③ 歯車装置の騒音の測定と記録

④ 工作機械の騒音の測定と記録

（5） 振動の測定について，つぎのことがらが理解できたか。

① 振動の定義と振動の表し方

②　振動計の種類と測定方法

③　JISに基づく工作機械の振動検査

【練習問題の解答】

（1）○　＜第１節１．１参照＞

（2）×　剛性検査は，運転検査の中の１項目である。＜第１節１．２(６)参照＞

（3）○　＜第２節２．１参照＞

（4）○　＜第３節３．１参照＞

（5）×　偶不釣合いのロータを回転させると，回転軸は軸線にαだけ傾いた円すい状に振動する。＜第３節３．２(２)参照＞

（6）○　＜第３節３．２参照＞

（7）○　＜第４節４．１参照＞

（8）○　＜第５節５．１参照＞

第５章　ジグ，取付け具

第１節　ジグ，取付け具一般

学習のねらい

ここでは，ジグおよび取付け具を定義するとどのようなものであるか，また，一般にはどのように区別されているのかを学ぶ。

学習の手びき

ジグおよび取付け具の使用目的，区別と分類について概略を理解すること。

第２節　ジグ，取付け具の構造上具備すべき条件

学習のねらい

ここでは，ジグおよび取付け具の構造上の要点について，つぎのことがらを学ぶ。

（1）工作物を加工位置に固定する方法

（2）位置決めの注意事項

（3）工作物に影響を与えず確実に固定する方法

（4）ジグおよび取付け具の基本部品

学習の手びき

（1）工作物の位置決め方法にはどのようなものがあるか。

（2）位置決めについての注意事項はなにか。

（3）工作物の締付け方法の種類と特徴はなにか。

以上のことがらについて概略を理解すること。

第３節　工作機械で使われるジグ，取付け具

学習のねらい

ここでは各種工作機械で使われるジグ，取付け具のうち旋盤用，フライス盤用およびボール盤用について学ぶ。

学習の手びき

（１）　旋盤用ジグ，取付け具の種類，構造および用途
（２）　フライス盤用ジグ，取付け具の種類，構造および用途
（３）　ボール盤用ジグ，取付け具の種類，構造および用途

以上のことがらについて概略を理解すること。また，ジグといえば穴あけブシュといわれるくらい穴あけジグが使われることが多いことも理解しておくこと。

第５章の学習のまとめ

この章ではジグ，取付け具に関してつぎのことがらについて学んだ。

（１）　ジグ，取付け具の使用目的と区別
（２）　ジグ，取付け具の分類
（３）　工作物の位置決め，締付けの種類と方法および注意事項
（４）　工作機械で使われるジグ，取付け具の種類，構造および用途
（５）　ジグ用材料の種類
（６）　旋盤，フライス盤およびボール盤に使われるはん用ジグと特殊ジグの種類，構造および用途

【練習問題の解答】

１．

（１）　①工作物，②取付け，③道具，④加工，⑤ジグ　＜第１節１．１参照＞

（２）　①取付け具，②締付け，③位置決め，④締付け，⑤加工精度
＜第２節２．２参照＞

２．①　工作物の位置決めの基準となる箇所の選定

②　締付け方法とその締付け力などを考慮する。

③　基準面に切りくずやじんあいが付着しないようにする。

④　位置決めに使われるジグ，取付け具の基準面となるところは，精度保持の点から摩耗した場合に交換できるようにしてあるとよい。

＜第２節２．１参照＞

３．　工作物にあらかじめあけられた２個の穴の案内をするもので，一方のピンは丸形とし，一方のピンは円周を削って一部だけ接触させるようにしたものがよく使われる。＜第２節２．３(４)参照＞

４．

(１)　×　生づめスクロールチャックは，量産加工を行うときに利用される。＜第３節３．１(２)参照＞

(２)　○　＜第３節３．２(１)参照＞

(３)　○　＜第３節３．３(１)参照＞

二級技能士コース

仕上げ科〔指導書〕

昭和54年10月20日　初版発行
平成８年12月20日　改訂版発行
平成14年５月20日　３刷発行

編集者　雇用・能力開発機構
職業能力開発総合大学校
能力開発研究センター

発行者　財団法人　職業訓練教材研究会

東京都新宿区戸山1－15－10　電話　03（3202）5671